高洪岩◎编著

ZooKeeper +Dubbo 3
分布式高性能RPC通信

北京大学出版社

PEKING UNIVERSITY PRESS

内 容 提 要

本教程详细介绍了ZooKeeper＋Dubbo 3联合开发时的高频实战技能，包含ZooKeeper的数据模型、Watch观察者机制、服务器角色、领导选举、ZAB协议、ZooKeeper架构、节点类型、ZooKeeper运用场景、搭建单机和主从环境、常用的Command命令、ACL授权、配额等高频使用技术点。在Dubbo 3章节中详细介绍了单体/水平集群/垂直集群/SOA架构的发展历程、CAP理论、Dubbo特性、RPC原理、Dubbo中的五大核心组件、直连提供者、隐式参数、服务分组、多版本、启动时检查、令牌验证、超时和线程池大小、Nacos注册中心、服务提供者集群、集群容错、负载均衡等实用技能。

读者通过阅读本书并结合实际代码的训练，完全可以自行开发基于RPC技术的应用系统，为进一步学习和工作打下良好的技术基础。

图书在版编目(CIP)数据

ZooKeeper+Dubbo 3分布式高性能RPC通信 / 高洪岩编著. — 北京：北京大学出版社，2022.10
ISBN 978-7-301-33392-1

Ⅰ. ①Z… Ⅱ. ①高… Ⅲ. ①分布式操作系统 – 研究 Ⅳ. ①TP316.4

中国版本图书馆CIP数据核字（2022）第181299号

书　　　　名	ZooKeeper+Dubbo 3分布式高性能RPC通信
	ZooKeeper+Dubbo 3 FENBUSHI GAOXINGNENG RPC TONGXIN
著作责任者	高洪岩　编著
责 任 编 辑	王继伟　吴秀川
标 准 书 号	ISBN 978-7-301-33392-1
出 版 发 行	北京大学出版社
地　　　　址	北京市海淀区成府路205 号　100871
网　　　　址	http://www.pup.cn　　新浪微博：@ 北京大学出版社
电 子 信 箱	pup7@ pup.cn
电　　　　话	邮购部 010-62752015　发行部 010-62750672　编辑部 010-62570390
印 　刷 　者	河北文福旺印刷有限公司
经 销 者	新华书店
	787毫米×1092毫米　16开本　18.25印张　414千字
	2022年10月第1版　2022年10月第1次印刷
印　　　　数	1-3000册
定　　　　价	89.00元

前 言
Preface

　　全面观察市面上所有关于Dubbo内容的书籍，系统讲解Dubbo实战应用的很少，大部分都是介绍Dubbo的内部原理和源代码的分析；这样的书籍内容，很明显就把那些只有5年以下开发经验的想进一步扩展实战技术的潜在型学习者拒之门外。他们如果想学习ZooKeeper+Dubbo 3，只有在互联网上以零散找寻资料的方式进行学习，这样的学习效率或者说学习方式是容易出现问题的。为了解决这类学习者的困扰，笔者通过自身实际的开发经验及对技术的理解整理出此书，如果您有缘看到此书，也是对我努力的一种回馈，希望它能帮到您。

　　本书在写作过程中本着"案例为王"的态度来整理文稿，每个技术案例都是一个完整的DEMO，不会出现把一个DEMO分解成若干片段，再把这些片段分布到不同的章节而影响读者阅读体验的情况，读者只需要把学习精力聚焦到当前的章节，因为一个章节解决一个技术问题。

　　本书各章节技术点讲解安排如下。

　　（1）第1章：主要讲解ZooKeeper的相关原理，比如数据模型，Watch观察机制，ZooKeeper服务的角色，选举的必要性，ZAB协议的特性，选举的算法，ZooKeeper架构，节点类型，常用API的使用等必备技术点。

　　（2）第2章：主要讲解搭建ZooKeeper单机运行环境，比如配置选项tickTime、dataDir、clientPort的解释，启动、连接、停止、查看ZooKeeper服务，创建节点和查看子节点，获得节点value，删除节点等常用节点操作。

　　（3）第3章：主要讲解搭建ZooKeeper主从运行环境，包含zoo.cfg配置文件核心参数的介绍，实现主从复制，获得实例角色等。

　　（4）第4章：使用大量篇幅讲解ZooKeeper的常用命令，命令覆盖率达到90%，并且几乎所有涉及的命令参数都进行了案例式的介绍。Command命令是ZooKeeper的核心技术，所以笔者为此章花费了很多精力，目的就是让读者全面掌握ZooKeeper，从而打下一个坚实的技术基础，读者一定要重视此章的技术学习。

　　（5）第5章：主要讲解软件技术架构的发展，因为在学习Dubbo技术之前，一定要了解这些技术的历史脉络，理解旧技术被淘汰，而新技术被推崇的原因；只有认识到这些优劣势，才能更好地学习和应用Dubbo。

（6）第6章：主要介绍Dubbo框架周边的技术常识，比如Dubbo是什么，有哪些关键特性，Dubbo发展历程，什么是RPC及其内部的原理，Dubbo中的五大核心组件，服务注册和服务发现的作用，这些知识点都是面试时被问到的高频技术问题，理解的深浅决定了对Dubbo认识的高低。

（7）第7章：主要介绍Dubbo的实战技术，包含直连提供者、隐式参数、服务分组、多版本、启动时检查、令牌验证、超时和线程池大小、Nacos注册中心等高频使用点，这些内容都是真实软件项目中被高频使用的，对于能否使用Dubbo熟练地开发基于RPC的分布式软件项目，该章起到决定性的作用。

（8）第8章：主要介绍Dubbo的高级技术，围绕Dubbo的高可用架构来展开，包含服务提供者集群、集群容错、负载均衡等实用技能。

本书附赠全书案例源代码，读者可以扫描下方二维码关注"博雅读书社"微信公众号，输入本书77页的资源下载码，即可获得本书的下载学习资源。

本书尽全力列举出更多的实用案例进行讲解，但由于笔者自身技术水平有限，难免有错误和疏漏之处，还请各位读者一一指正，共同进步。

在书稿的编写过程中，笔者一直本着"严谨，不乐观，试错，手勤"的技术学习态度，非常不易，在此也非常感谢北京大学出版社魏雪萍主任的支持和信任，以及所有的编辑，感谢你们对此书付出的努力和帮助。另外也感谢我的父母、爱人，还有4岁多可爱的儿子，是你们承担了本该我承担的家庭责任，让我有更多的精力和时间奔赴在技术的道路上，感谢你们！

编者
2022 年 9 月

目 录
Contents

第1章

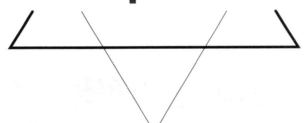

ZooKeeper核心理论

1.1 ZooKeeper 的介绍

Apache ZooKeeper是Apache的子项目，ZooKeeper的中文名称为"动物园管理员"，官方Logo如图1-1所示。

图 1-1　动物园管理员

之所以叫"动物园管理员"，是因为Java大数据生态下大多数子项目的Logo都是以动物作为标志，如图1-2所示。

图 1-2　多采用动物形象做Logo

为了管理这些框架的共享数据和配置信息，需要有一个拥有分布式，保证共享数据和配置信息在不同服务器中具有一致性的框架，ZooKeeper就被设计了出来。

Apache ZooKeeper致力于开发和维护一个开源服务器，该服务器支持高度可靠的分布式协调处理。

ZooKeeper保证了Java大数据生态中框架数据的协调处理，如图1-3所示。

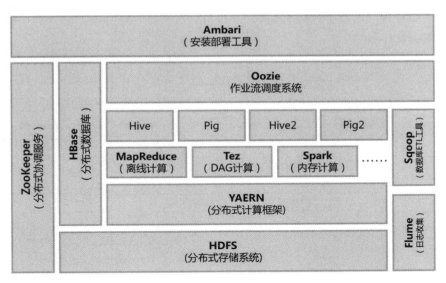

图 1-3 ZooKeeper 在大数据生态中的位置

在云计算和互联网技术越来越流行的今天，单台计算机的处理能力已经不能满足业务需求，不得不采用服务器集群技术。在服务器集群对外提供服务的过程中，有很多配置的改变需要及时地对集群中的每台服务器进行通知并更新，这就需要实现服务器之间的协调工作；当公共配置信息改变时推送到各个服务器节点，并且还要保证配置信息的一致性和可靠性，实现这样的需求正是使用开源分布式协调框架 ZooKeeper 的好时机。ZooKeeper 负责保存和管理大家都感兴趣的数据。

如果自己实现分布式协调服务，则很难正确无误地实现，程序员很容易在多线程和死锁上犯错误；如果想快速实现这个需求，使用 ZooKeeper 是一个不错的选择。ZooKeeper 是 Apache Hadoop 的一个子项目，它实现了配置管理中心利用 ZooKeeper 将最新的配置信息分发到各个服务器节点上，并且可以保证信息的正确性和一致性。ZooKeeper 为分布式应用程序提供分布式协调服务。

ZooKeeper 中的数据保存在内存中，这意味着 ZooKeeper 可以实现高吞吐量和低延迟，并且 ZooKeeper 支持主从复制。ZooKeeper 会把内存中的数据持久化到硬盘中，便于数据的恢复。

1.2 ZooKeeper 的数据模型和 Watch 观察机制

ZooKeeper 的核心是由数据模型和 Watch 观察机制组成。

1.2.1 ZooKeeper 的数据模型

ZooKeeper 的使用非常简单，就像 Redis 一样，使用 Command 命令来操作 ZooKeeper 中的公共配置信息。

在ZooKeeper中保存的共享数据和配置信息被组织在树形结构（tree）中，tree中的每个节点称为znode，如图1-4所示。

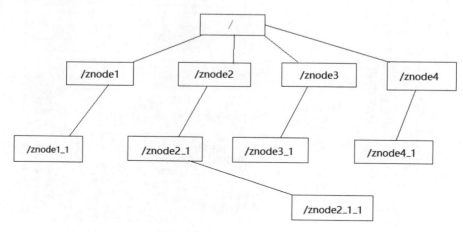

图1-4　节点结构

znode的名称是由斜杠"/"分隔的一系列路径。

ZooKeeper的数据模型表现为一个分层的文件系统目录树结构，但不同于文件系统，ZooKeeper中的每个znode节点可以拥有自己的value，而文件系统中的目录节点只有子目录，不能存储value值。znode节点存储的数据值value就是应用需要的公共配置信息。ZooKeeper中的每个znode节点除了可以拥有自己的value之外，还可以拥有子节点。

ZooKeeper的tree数据模型如图1-5所示。

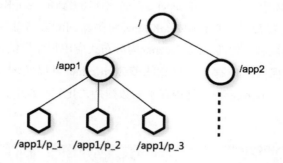

图1-5　tree数据结构

znode节点中存储的数据大多数是协调数据，包含状态信息、配置、位置信息等。因此存储在每个znode节点上的数据量通常很小，范围在1KB~1MB，默认最多1MB的数据。

ZooKeeper中的数据保存在内存中，这意味着ZooKeeper可以实现高吞吐量和低延迟的协调服务。

存储在ZooKeeper中每个znode中的数据都是原子读写的。

ZooKeeper 具有 ephemeral nodes（临时节点）的概念。当会话处于活动的状态，这些临时节点就存在；当会话结束时，临时节点将被删除。临时节点不允许有子节点。

1.2.2 ZooKeeper 的 Watch 观察机制

ZooKeeper 实现分布式协调服务的核心就是 Watch 观察机制。

客户端在 znode 节点上设置 Watch 监视，当 znode 上的值发生变化时会触发 Watch，客户端接收到值变化的通知，就能取得最新的值，实现客户端与 ZooKeeper Server 中数据的一致性，最后再清除 znode 上的 Watch。因为 Watch 是一次性的，如果想再次 Watch，还需要显式地设置 Watch 监视。

提示：在 ZooKeeper 3.6.0 版本中，客户端可以在 znode 上设置永久的递归 Watch，这些 Watch 在触发时不会被删除，一直在进行 Watch 操作。

---

znode 和 Watch 实现数据的协调服务，如图 1-6 所示。

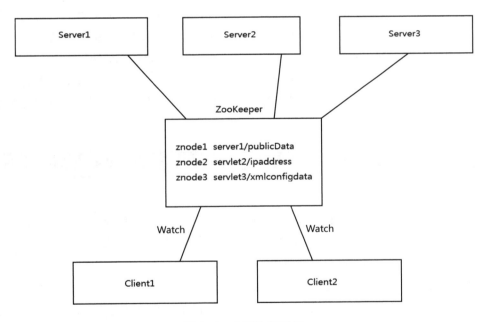

图 1-6　实现协调服务

ZooKeeper 提供的 Watch 机制使各个客户端与服务器的交互变得松耦合，每个客户端无须知晓其他客户端的存在，就可以和其他客户端借助 Watch 观察机制间接地通过 ZooKeeper Server 实现数据交互。

哪些情况会触发 Watch 事件呢？可以通过创建节点、删除节点、修改节点数据等方式触发。

1.3 ZooKeeper 中的角色：Leader 和 Follower

ZooKeeper中有两个角色。

（1）一个Leader（领导者）：负责写数据和数据同步。

（2）多个Follower（跟随者）：提供读数据，Leader宕机后会在Follower中重新选举出新的Leader。

为了实现高可用，ZooKeeper支持主从复制架构，由一个领导者Leader服务器和多个Follower服务器构成，组织结构如图1-7所示。

图1-7　一台Leader和多个Follower

当Leader服务器由于故障无法访问时，剩下的所有Follower服务器就开始进行Leader选举。通过选举算法，最终由一台原本是Follower的服务器升级为Leader服务器。而原来的Leader服务器一旦被恢复，它就只能作为Follower服务器，并在下一次选举中争夺Leader的位置。

客户端连接到单个ZooKeeper服务器，客户端会维护一个TCP连接，通过它发送请求、获取响应、获取监视事件和发送心跳。如果与服务器的TCP连接中断，客户端将连接到不同的服务器。

1.4 ZooKeeper 为什么要进行选举

为什么要选举呢？比如现在有一个ZooKeeper集群，里面包含5台服务器，有两个客户端向两台服务器分别发起更新数据的请求，两个客户端更新的数据是同一个，比如以下情况。

（1）客户端A向服务器AA发起更新请求：set a = X。

（2）客户端B向服务器BB发起更新请求：set a = Y。

那么最后a节点的值是X还是Y呢？在单机环境下a的值很简单就能确定，以最后set的操作值为准。但在分布式环境里很难确定，而ZooKeeper的办法是选举出一个领导者，让领导者来决定a的最终值是X还是Y，所以就要使用选举机制，选举出Leader。

另外当向Follower写入数据时，Follower会将写操作转发给Leader，Leader会对数据进行评估，评估通过后会以广播的形式同步到其他Follower服务器中，保证每台服务器上的数据都是一致的。只有半数以上的Follower成功保存数据时，Leader才认为该数据保存成功，并通知客户端数据保存成功。其他由于网络延时等原因没有成功同步数据的服务器，会在未来的时机进行数据同步，保证数据的最终一致性。

1.5　Paxos 算法和 ZAB 协议简介

ZooKeeper 使用了 Paxos 算法。该算法是由分布式技术大师莱斯利 · 兰伯特（Leslie Lamport）设计的，主要目的是通过这个算法，让参与分布式处理的每个参与者通过选举的方式逐步达成一致意见，实现数据最终的一致性。

该算法白话解释如下。

（1）有一个叫作 Paxos 的小岛上面住了一批居民，大事小事的处理结果要由议员开会来做决定。议员的最大位数是确定的，不能更改。

（2）岛上每次讨论一件事情时这些议员都要开一个会议，在会议上议员要做出提议，每个提议都有编号，编号是一直增长的，不能倒退。

（3）每次会议采纳的提议是需要超过半数以上的议员同意才能最终采纳。

（4）每个议员只会参考大于当前编号的提议，包括已生效的和未生效的。

（5）如果议员收到小于等于当前编号的提议，他会拒绝，并告知对方：你的提议已经有人提过了。这里的当前编号是每个议员在自己记事本上面记录的编号，他会不断更新这个编号。整个会议不能保证所有议员记事本上的编号总是相同的。

（6）经过一系列的讨论后最终决定会议的处理结果，达成提议的一致性。

ZooKeeper 根据 Paxos 算法保证了集群中的意见统一，ZooKeeper 设计的 ZAB 协议（ZooKeeper Atomic Broadcast，ZooKeeper 原子消息广播协议）实现了 Paxos 算法，ZAB 主要用于构建一个高可用的分布式主从复制系统，而 Paxos 算法则用于构建一个分布式的一致性状态系统。

1.6　ZooKeeper 选举的算法

分布式一致性算法 Paxos 即简单又相对复杂，ZooKeeper 在实现该算法时参考了若干情况来达成数据的最终一致性，逻辑比较复杂，但最通俗易懂的思路就是根据编号的大小来决定最终使用哪个值，这些编号包括如下几种。

（1）ServerId 编号：服务器 ID。

（2）LogicalClock 编号：逻辑时钟，也叫投票的次数。同一轮投票过程中的逻辑时钟值是相同的。每投完一次票，这个数就会增加，然后与接收到其他服务器返回的投票信息中的数值相比，根据不同的值做出不同的判断。

（3）Zxid 编号：事务 ID。

当 Leader 被选举出来之前，ZooKeeper 会根据上面主要的 3 个参数的大小来决定采纳最终的数据值。编号越大，权重越大。

在选举过程中，服务器会有4种状态。

（1）LOOKING：竞选状态。

（2）FOLLOWING：跟随状态，同步Leader状态，参与投票。

（3）OBSERVING：观察状态，同步Leader状态，不参与投票。

（4）LEADING：领导者状态。

选举的算法会根据两种情况而有所不同。

（1）全新集群选举算法。

（2）非全新集群选举算法。

1.6.1　全新集群选举算法

假设目前有5台服务器，每台服务器均没有数据，它们的编号分别是1，2，3，4，5，按编号依次启动，它们的选举过程如下。

（1）服务器1启动，给自己投票，然后群发投票信息；由于其他服务器还没有启动，所以服务器1接收不到任何的反馈信息，服务器1的状态处于LOOKING。

（2）服务器2启动，给自己投票，同时与之前启动的服务器1交换结果；由于服务器2的ServerId编号大，所以服务器2胜出，但此时投票数没有大于半数2，所以两个服务器的状态依然是LOOKING。

（3）服务器3启动，给自己投票，同时与之前启动的服务器1和2交换信息；由于服务器3的编号最大，所以服务器3胜出，此时投票数正好大于半数2，所以服务器3成为Leader，服务器1和2成为Follower。

（4）服务器4启动，给自己投票，同时与之前启动的服务器1，2，3交换信息；尽管服务器4的编号最大，但之前服务器3已经胜出，是Leader角色，所以服务器4只能成为Follower。

（5）服务器5启动，后面的逻辑同服务器4一样，服务器5也成为Follower。

1.6.2　非全新集群选举算法

对于运行正常的ZooKeeper集群，中途有Leader服务器挂掉时需要重新进行选举，选举过程就需要参考ServerId编号、LogicalClock编号、Zxid编号这些参考条件。

选举的逻辑如下。

（1）LogicalClock编号小的选举结果被忽略，重新投票。

（2）统一LogicalClock编号后，Zxid编号大的胜出。

（3）Zxid编号一样的情况下，ServerId编号大的胜出。

1.7　为什么建议服务器个数为奇数

ZooKeeper官方建议集群中的服务器数量为奇数，只有为奇数，才可以根据少数服从多数来选举出 Leader，杜绝了"平局"的情况。

ZooKeeper能正常提供服务的必要条件是"大于半数即存活"，也就是集群中只要有半数以上的服务器能提供服务，则ZooKeeper集群就能提供正常的服务及选举出 Leader，公式为：

$$存活的服务器 > （服务器总数 / 2）$$

如果条件成立，则ZooKeeper就能对外提供服务。

ZooKeeper推荐采用奇数台服务器的原因主要有以下两点。

1. 防止发生分裂造成服务不可用

如果有 4 台 ZooKeeper 服务器集群，数量为偶数，分别是 A，B，C，D。如果网络发生故障，则集群有可能会被分裂成如下情况。

（1）<A>，<BCD>：3>(4/2)成立，所以小集群<BCD>可以对外提供服务。

（2）<AB>，<CD>：2>(4/2)不成立，所以没有任何小集群可以对外提供服务。

如果有 5 台 ZooKeeper 服务器集群，数量为奇数，分别是 A，B，C，D，E。如果网络发生故障，则集群有可能会被分裂成如下情况。

（1）<AB>，<CDE>：3>(5/2)成立，所以小集群<CDE>可以对外提供服务。

（2）<A>，<BCDE>：4>(5/2)成立，所以小集群<BCDE>可以对外提供服务。

经过以上的分析，说明服务器数量为偶数时，是有可能发生全部小集群不能对外提供服务的情况，从而损失了ZooKeeper高可用的特性。

2. 减少服务器硬件成本

服务器数量为偶数，会增加硬件成本，请看下面的分析。

（1）2 台服务器，至少 2 台都正常运行时ZooKeeper环境才是正常的（2 的半数为 1，半数以上最少为 2），想要保证ZooKeeper环境正常运行，则任何一台服务器都不允许挂掉。

（2）3 台服务器，至少 2 台正常运行才行（3 的半数为 1.5，半数以上最少为 2），ZooKeeper集群正常运行时可以允许 1 台服务器挂掉。

（3）4 台服务器，至少 3 台正常运行才行（4 的半数为 2，半数以上最少为 3），ZooKeeper集群正常运行时可以允许 1 台服务器挂掉。

同样是允许 1 台服务器挂掉，4 台服务器则比 3 台服务器多了 1 台服务器的硬件成本支出。

（4）5 台服务器，至少 3 台正常运行才行（5 的半数为 2.5，半数以上最少为 3），ZooKeeper集群正常运行时可以允许 2 台服务器挂掉。

（5）6 台服务器，至少 4 台正常运行才行（6 的半数为 3，半数以上最少为 4），ZooKeeper集群正常运行时可以允许 2 台服务器挂掉。

同样是允许 2 台服务器挂掉，6 台服务器则比 5 台服务器多了 1 台服务器的硬件成本支出。

所以服务器数量为奇数是最经济的。

1.8 ZooKeeper 的特点

ZooKeeper有如下几个特点。

（1）唯一系统镜像（Single System Image）：ZooKeeper能保证所有服务器中的数据都是一样的，客户端从任何一台服务器中取出的数据也是一样的，都会看到相同的配置数据，从而实现"一处更新，处处更新"的效果。

（2）角色：ZooKeeper中有Leader和多个Follower两个角色。

（3）顺序一致性（Sequential Consistency）：按照客户端发送请求的顺序更新配置数据。也就是说，同一个客户端发起了A，B，C 3个请求，由于网络路由原因，到达服务器的顺序有可能是A，C，B，或者是C，A，B，也就是乱序的，ZooKeeper能保证在服务器端执行的顺序是A，B，C。

（4）原子性（Atomicity）：更新要么成功，要么失败。

（5）可靠性（Reliability）：一旦配置数据更新成功，将一直保持，直到有新的更新。

（6）及时性（Timeliness）：客户端会在最短的时间内得到最新的配置数据，接近于实时，但并不是实时。

（7）高可用（High Availability）：ZooKeeper通过选举算法可以避免单点故障，实现高可用。

（8）乐观锁（Optimistic Locking）保障数据安全：通过version版本号，ZooKeeper实现了更新的乐观锁，当更新时发现版本号不相符，则表示待更新的节点已经被其他客户端更新了，那么当前的整个更新操作将全部取消。

1.9 使用 ZooKeeper 的架构

使用ZooKeeper的架构如图1-8所示。

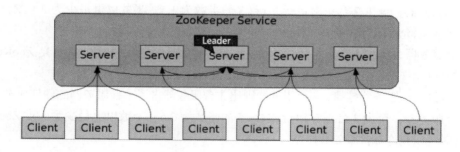

图1-8　使用ZooKeeper的架构

ZooKeeper支持主从架构。在主从复制环境下，多个ZooKeeper服务器之间必须知道彼此的存在，在每台服务器中保存事务日志、快照等系统资源，它们之间需要共享某些数据，达到相同数据在不同 ZooKeeper 服务器上保存的效果。只要 ZooKeeper 集群中大多数服务器可用，则 ZooKeeper 集群就可以正确地提供服务。

ZooKeeper 的客户端使用 TCP 协议连接到某一个 ZooKeeper 服务器，客户端通过该连接发送请求、获取响应、获取 Watch 监视事件和发送心跳。

ZooKeeper 架构的特点如下。

（1）Client 可以连接到每个 ZooKeeper Server，每个 ZooKeeper Server 中的数据完全相同。

（2）每个 Follower 都和 Leader 存在连接通信，接受 Leader 的数据更新操作。

（3）每个 ZooKeeper Server 负责记录日志，并且将内存快照持久化到硬盘。

（4）大多数 ZooKeeper Server 可用，整体服务就可用。

znode 节点的路径必须符合规范，而且路径是绝对的，没有相对路径的概念，路径开头使用斜杠 "/"，在受以下约束之外可以使用任何 unicode 字符。

（1）空字符 u0000 不能作为路径名的一部分。

（2）不能使用 \u0001 到 \u001F、\u007F、\u009F、\ud800 到 \uF8FF、\uFFF0 到 \uFFFF 范围中的字符，因为有可能不能很好地显示或是显示乱码。

（3）小数点 "." 和 ".." 字符并不具有导航相对路径的功能，因为 ZooKeeper 没有相对路径这个概念，路径 "/a/b/./c" 和 "/a/b/../c" 写法是无效的。

示例如下。

```
[zk: 127.0.0.1:2181(CONNECTED) 5] create /a1 value1
Created /a1
[zk: 127.0.0.1:2181(CONNECTED) 6] create /a1. value2
Created /a1.
[zk: 127.0.0.1:2181(CONNECTED) 7] create /a1.b1 value3
Created /a1.b1
[zk: 127.0.0.1:2181(CONNECTED) 8] create /a1.b1.c1 value4
Created /a1.b1.c1
[zk: 127.0.0.1:2181(CONNECTED) 9] create /a1.. value5
Created /a1..
[zk: 127.0.0.1:2181(CONNECTED) 10] create /a1..b1 value6
Created /a1..b1
[zk: 127.0.0.1:2181(CONNECTED) 11] create /a1..b1..c1 value7
Created /a1..b1..c1
[zk: 127.0.0.1:2181(CONNECTED) 12] ls /
[a1, a1., a1.., a1..b1, a1..b1..c1, a1.b1, a1.b1.c1, zookeeper]
[zk: 127.0.0.1:2181(CONNECTED) 13]
```

说明节点 /a、/a.b、/a.c 都在 / 根节点下，节点 /a.b 和 /a.c 并不是 /a 的子节点，小数点 "." 作为 znode 节点名称的一部分，而不是实现相对路径的效果。

正确创建父子节点的示例后面章节会有介绍。

（4）不要使用 "zookeeper" 作为节点名称，因为是预保留的。

ZooKeeper树中的每个节点都称为znode。znode包含统计信息，其中包括数据更改的版本号、访问控制列表（Access Control List，ACL）更改的版本号，并拥有时间戳。版本号及时间戳允许ZooKeeper缓存并协调更新，每次znode的数据更改时，版本号都会自增。例如，每当客户端检索数据时会接收数据的版本，当客户端执行更新或删除时，必须提供正在更改的znode的数据版本，如果提供的版本与ZooKeeper中的实际版本不匹配，则更新失败。

在分布式应用程序中，"node"字面的含义可以代表主机、服务器、成员的集合和客户端进程等。在ZooKeeper文档中，znodes代表数据节点，Servers代表构成ZooKeeper服务的机器。quorum peers是指组成一个集合的服务器，Client是指使用ZooKeeper服务的任何主机或进程。

每个znode都有一个ACL用来实现权限管理。

记住，设计ZooKeeper的初衷不是用它来存储大型数据，存储在ZooKeeper中znode上的数据量都很少，每个znode存储数据的极限是1MB，所以要存储小于1MB大小的数据。在实际项目中，znode存储的数据普遍都还达不到200KB。

1.10　znode 类型

ZooKeeper中的节点类型分为如下几种。

（1）持久节点（Persistent）：持久节点创建后一直存在，直到主动删除该节点。

（2）临时节点（Ephemeral）：临时节点的生命周期和客户端会话绑定，一旦客户端会话失效，临时节点就会自动删除，所以临时节点不允许有子节点。

（3）持久序列节点（Persistent_Sequential）：如果多个线程同时创建同一个序列节点，则每个线程会得到一个带有序号的节点，节点序号是递增的，不重复的。序列节点允许有子节点。

（4）临时序列节点（Ephemeral_Sequential）：如果多个线程同时创建同一个序列节点，则每个线程会得到一个带有序号的节点，节点序号是递增的，不重复的。序列节点允许有子节点，会话失效自动删除。

（5）容器节点（Container Nodes）：删除容器节点的最后一个子节点时，则容器节点将在未来某个时间被服务器所删除，删除时间并不固定。

（6）生存时间节点（Time To Live，TTL）：创建持久节点或持久序列节点时，可以选择为znode设置以毫秒为单位的TTL。如果znode未在TTL中修改，并且没有子级，则将在未来某个时间被服务器所删除，删除时间并不固定。

注意：在默认的情况下，ZooKeeper不支持TTL，需要通过配置进行开启。如果配置未被开启时创建TTL节点，则出现KeeperException.UnimplementedException异常。

1.11　ZooKeeper 的运用场景

（1）数据发布与订阅：应用把配置信息集中存储到节点上，应用启动时主动获取节点上的数据，并在节点上注册一个Watcher监听，每次配置更新时都会主动通知应用。

（2）分布式锁：ZooKeeper能保证数据的强一致性，用户在任何时候，在不同服务器中获取节点的数据都是相同的。基于保证数据强一致性这个特点，用户A创建一个节点作为锁，用户B检测该节点。如果存在，代表别的用户已经锁住；如果不存在，则可以创建一个节点，代表拥有这个锁。

（3）集群管理：每个加入集群的机器都创建一个节点，并在节点中写入自己的状态，这时监控父节点的用户会接到加群通知，进行相应的处理。机器离开集群时删除节点，则监控父节点的用户同样会收到离群通知。

1.12　ZooKeeper 的五点保证

ZooKeeper可以保证如下 5 个结果。

（1）顺序一致性：来自客户端的更新将按发送顺序进行操作。

（2）原子性：更新成功或失败，不会出现部分更新、部分未更新的结果。

（3）单个系统镜像：无论连接到哪个ZooKeeper服务器，客户端看到的数据都一样。

（4）可靠性：客户执行更新操作后，ZooKeeper服务会将该数据发布到其他ZooKeeper服务器中，保证相同数据在不同ZooKeeper服务器上的存储。

（5）及时性：保证客户端在任意一台ZooKeeper服务器上看到的数据是最新的。

1.13　简单的 API

ZooKeeper提供简单的 API来实现操作 znode 和 znode 中的数据。

（1）create：创建节点。

（2）delete：删除节点。

（3）exists：判断节点是否存在。

（4）getdata：取得节点中的数据。

（5）setdata：向节点存储数据。

（6）getchildren：返回指定节点的子节点。

（7）sync：等待数据被同步。

第2章

搭建ZooKeeper单机运行环境

2.1　下载 ZooKeeper

ZooKeeper官方网址：https://zookeeper.apache.org。

打开界面后并没有看到非常华丽的UI，效果如图 2-1 所示。

图 2-1　主页界面

本教程讲解在Linux操作系统中搭建ZooKeeper环境。

在官网中单击Download链接，下载最新release版本的ZooKeeper，下载的压缩文件格式为apache-zookeeper-version-bin.tar.gz并解压到z1文件夹，效果如图 2-2 所示。

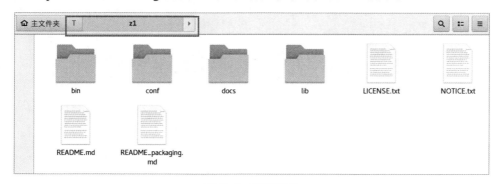

图 2-2　解压内容

2.2 创建 zoo.cfg 配置文件

在conf文件夹中自带一个名称为zoo_sample.cfg的配置文件，该配置文件是ZooKeeper核心配置文件，与ZooKeeper有关的几乎所有配置都要在此文件中进行定义，如图 2-3 所示。

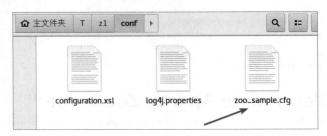

图 2-3　配置文件

但ZooKeeper默认使用名称为zoo.cfg的配置文件，所以还要将 zoo_sample.cfg 改名为 zoo.cfg，改名效果如图 2-4 所示。

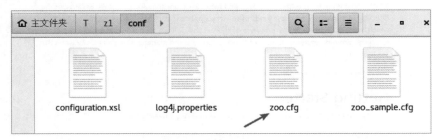

图 2-4　新的配置文件

配置文件zoo.cfg中的内容如下。

```
# The number of milliseconds of each tick
tickTime=2000
# The number of ticks that the initial
# synchronization phase can take
initLimit=10
# The number of ticks that can pass between
# sending a request and getting an acknowledgement
syncLimit=5
# the directory where the snapshot is stored.
# do not use /tmp for storage, /tmp here is just
# example sakes.
dataDir=/tmp/zookeeper
```

```
# the port at which the clients will connect
clientPort=2181
# the maximum number of client connections.
# increase this if you need to handle more clients
#maxClientCnxns=60
#
# Be sure to read the maintenance section of the
# administrator guide before turning on autopurge.
#
# http://zookeeper.apache.org/doc/current/zookeeperAdmin.html#sc_
maintenance
#
# The number of snapshots to retain in dataDir
#autopurge.snapRetainCount=3
# Purge task interval in hours
# Set to "0" to disable auto purge feature
#autopurge.purgeInterval=1

## Metrics Providers
#
# https://prometheus.io Metrics Exporter
#metricsProvider.className=org.apache.zookeeper.metrics.prometheus.
PrometheusMetricsProvider
#metricsProvider.httpPort=7000
#metricsProvider.exportJvmInfo=true
```

在大部分情况下，使用默认的配置即可，但这里唯一需要配置的选项是：

```
dataDir=/home/ghy/T/z1/dataDir
```

属性dataDir的路径需要重新配置，它的主要作用是在某个路径中存储内存中的快照数据，将内存中的数据持久化到该路径中，以便在宕机时可以将数据进行还原。

注意：dataDir属性的路径值不要包含中文。

在/home/ghy/T/z1/路径中创建dataDir文件夹，效果如图 2-5 所示。

图 2-5　创建文件夹

17

2.3 核心配置选项 tickTime、dataDir、clientPort 的解释

配置文件zoo.cfg中有 3 个选项是非常重要的。

（1）tickTime：作为主从复制关系的ZooKeeper服务器之间或客户端与服务器之间维持心跳的时间间隔，也就是每隔tickTime时间就发送一个心跳嗅探数据包给对方，探测一下对方的计算机是否正常工作。tickTime时间单位为毫秒。

（2）dataDir：保存ZooKeeper内存数据的文件夹。

（3）clientPort：这是提供给客户端连接ZooKeeper服务器的端口，ZooKeeper会监听这个端口，接受客户端的访问请求。ZooKeeper服务器的默认端口号是 2181。

2.4 启动 ZooKeeper 服务

使用如下命令启动ZooKeeper服务。

```
./zkServer.sh start
```

需要注意的是，命令区分大小写，示例如下。

```
[ghy@localhost bin]$ pwd
/home/ghy/T/z1/bin
[ghy@localhost bin]$ ./zkServer.sh start
/usr/bin/java
ZooKeeper JMX enabled by default
Using config: /home/ghy/T/z1/bin/../conf/zoo.cfg
Starting zookeeper ... STARTED
[ghy@10 bin]$
```

使用如下命令查看ZooKeeper服务进程信息。

```
ps -ef|grep zookeeper
```

示例如下。

```
[ghy@10 bin]$ ps -ef|grep zookeeper
ghy        5557     3058   2 07:57 pts/0    00:00:01 java -Dzookeeper.
log.dir=/home/ghy/T/z1/bin/../logs -Dzookeeper.log.file=zookeeper-
ghy-server-10.0.2.15.log -Dzookeeper.root.logger=INFO,CONSOLE
```

```
-XX:+HeapDumpOnOutOfMemoryError -XX:OnOutOfMemoryError=kill -9 %p -cp /
home/ghy/T/z1/bin/../zookeeper-server/target/classes:/home/ghy/T/z1/
bin/../build/classes:/home/ghy/T/z1/bin/../zookeeper-server/target/
lib/*.jar:/home/ghy/T/z1/bin/../build/lib/*.jar:/home/ghy/T/z1/bin/../
lib/zookeeper-prometheus-metrics-3.7.0.jar:/home/ghy/T/z1/bin/../lib/
zookeeper-jute-3.7.0.jar:/home/ghy/T/z1/bin/../lib/zookeeper-3.7.0.jar:/
home/ghy/T/z1/bin/../lib/snappy-java-1.1.7.7.jar:/home/ghy/T/z1/bin/../
lib/slf4j-log4j12-1.7.30.jar:/home/ghy/T/z1/bin/../lib/slf4j-api-1.7.30.
jar:/home/ghy/T/z1/bin/../lib/simpleclient_servlet-0.9.0.jar:/home/ghy/T/
z1/bin/../lib/simpleclient_hotspot-0.9.0.jar:/home/ghy/T/z1/bin/../lib/
simpleclient_common-0.9.0.jar:/home/ghy/T/z1/bin/../lib/simpleclient-
0.9.0.jar:/home/ghy/T/z1/bin/../lib/netty-transport-native-unix-
common-4.1.59.Final.jar:/home/ghy/T/z1/bin/../lib/netty-transport-native-
epoll-4.1.59.Final.jar:/home/ghy/T/z1/bin/../lib/netty-transport-4.1.59.
Final.jar:/home/ghy/T/z1/bin/../lib/netty-resolver-4.1.59.Final.jar:/
home/ghy/T/z1/bin/../lib/netty-handler-4.1.59.Final.jar:/home/ghy/T/z1/
bin/../lib/netty-common-4.1.59.Final.jar:/home/ghy/T/z1/bin/../lib/netty-
codec-4.1.59.Final.jar:/home/ghy/T/z1/bin/../lib/netty-buffer-4.1.59.
Final.jar:/home/ghy/T/z1/bin/../lib/metrics-core-4.1.12.1.jar:/home/
ghy/T/z1/bin/../lib/log4j-1.2.17.jar:/home/ghy/T/z1/bin/../lib/jline-
2.14.6.jar:/home/ghy/T/z1/bin/../lib/jetty-util-ajax-9.4.38.v20210224.
jar:/home/ghy/T/z1/bin/../lib/jetty-util-9.4.38.v20210224.jar:/home/
ghy/T/z1/bin/../lib/jetty-servlet-9.4.38.v20210224.jar:/home/ghy/T/z1/
bin/../lib/jetty-server-9.4.38.v20210224.jar:/home/ghy/T/z1/bin/../lib/
jetty-security-9.4.38.v20210224.jar:/home/ghy/T/z1/bin/../lib/jetty-
io-9.4.38.v20210224.jar:/home/ghy/T/z1/bin/../lib/jetty-http-9.4.38.
v20210224.jar:/home/ghy/T/z1/bin/../lib/javax.servlet-api-3.1.0.jar:/
home/ghy/T/z1/bin/../lib/jackson-databind-2.10.5.1.jar:/home/ghy/T/z1/
bin/../lib/jackson-core-2.10.5.jar:/home/ghy/T/z1/bin/../lib/jackson-
annotations-2.10.5.jar:/home/ghy/T/z1/bin/../lib/commons-cli-1.4.jar:/
home/ghy/T/z1/bin/../lib/audience-annotations-0.12.0.jar:/home/ghy/T/z1/
bin/../zookeeper-*.jar:/home/ghy/T/z1/bin/../zookeeper-server/src/main/
resources/lib/*.jar:/home/ghy/T/z1/bin/../conf: -Xmx1000m -Dcom.sun.
management.jmxremote -Dcom.sun.management.jmxremote.local.only=false org.
apache.zookeeper.server.quorum.QuorumPeerMain /home/ghy/T/z1/bin/../conf/
zoo.cfg
ghy          5623      5504    0 07:58 pts/0      00:00:00 grep --color=auto
zookeeper
[ghy@10 bin]$
```

ZooKeeper 进程 id 是 5557，以 su 身份执行如下命令。

```
netstat -anp|grep 5557
```

查看该进程正在使用哪些端口号，效果如图 2-6 所示。

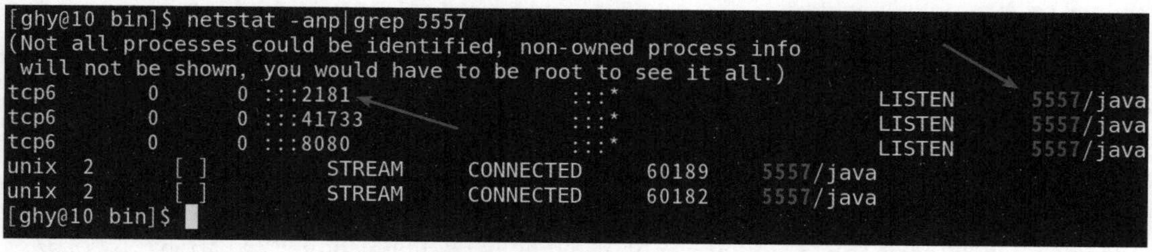

```
[ghy@10 bin]$ netstat -anp|grep 5557
(Not all processes could be identified, non-owned process info
 will not be shown, you would have to be root to see it all.)
tcp6       0        0 :::2181              :::*                    LISTEN      5557/java
tcp6       0        0 :::41733             :::*                    LISTEN      5557/java
tcp6       0        0 :::8080              :::*                    LISTEN      5557/java
unix  2     [ ]        STREAM     CONNECTED     60189      5557/java
unix  2     [ ]        STREAM     CONNECTED     60182      5557/java
[ghy@10 bin]$
```

图 2-6 端口信息

端口 2181 被 ZooKeeper 所使用。

2.5 连接 ZooKeeper 服务

在终端中输入如下命令连接 ZooKeeper 服务。

```
./zkCli.sh -server 127.0.0.1:2181
```

成功连接的效果如图 2-7 所示。

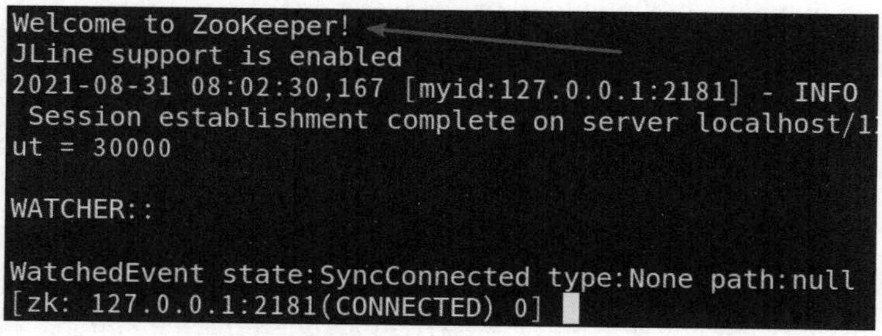

```
Welcome to ZooKeeper!
JLine support is enabled
2021-08-31 08:02:30,167 [myid:127.0.0.1:2181] - INFO
 Session establishment complete on server localhost/1
ut = 30000

WATCHER::

WatchedEvent state:SyncConnected type:None path:null
[zk: 127.0.0.1:2181(CONNECTED) 0]
```

图 2-7 连接到服务端

2.6 停止 ZooKeeper 服务

使用如下命令停止 ZooKeeper 服务。

```
./zkServer.sh stop
```

运行效果如下。

```
[ghy@10 bin]$ ./zkServer.sh stop
/usr/bin/java
ZooKeeper JMX enabled by default
Using config: /home/ghy/T/z1/bin/../conf/zoo.cfg
Stopping zookeeper ... STOPPED
[ghy@10 bin]$
```

2.7　查看 ZooKeeper 服务状态

使用如下命令查看ZooKeeper服务状态。

```
./zkServer.sh status
```

运行效果如下。

```
[ghy@10 bin]$ ./zkServer.sh status
/usr/bin/java
ZooKeeper JMX enabled by default
Using config: /home/ghy/T/z1/bin/../conf/zoo.cfg
Client port found: 2181. Client address: localhost. Client SSL: false.
Error contacting service. It is probably not running.
[ghy@10 bin]$ ./zkServer.sh start
/usr/bin/java
ZooKeeper JMX enabled by default
Using config: /home/ghy/T/z1/bin/../conf/zoo.cfg
Starting zookeeper ... STARTED
[ghy@10 bin]$ ./zkServer.sh status
/usr/bin/java
ZooKeeper JMX enabled by default
Using config: /home/ghy/T/z1/bin/../conf/zoo.cfg
Client port found: 2181. Client address: localhost. Client SSL: false.
Mode: standalone
[ghy@10 bin]$
```

2.8　查看 ZooKeeper 所有命令

执行如下命令。

```
./zkCli.sh -server 127.0.0.1:2181
```

连接到ZooKeeper服务后，再执行help命令查看ZooKeeper提供的命令列表，效果如下所示。

```
[zk: 127.0.0.1:2181(CONNECTED) 0] help
ZooKeeper -server host:port -client-configuration properties-file cmd args
    addWatch [-m mode] path # optional mode is one of [PERSISTENT,
PERSISTENT_RECURSIVE] - default is PERSISTENT_RECURSIVE
    addauth scheme auth
    close
    config [-c] [-w] [-s]
    connect host:port
    create [-s] [-e] [-c] [-t ttl] path [data] [acl]
    delete [-v version] path
    deleteall path [-b batch size]
    delquota [-n|-b|-N|-B] path
    get [-s] [-w] path
    getAcl [-s] path
    getAllChildrenNumber path
    getEphemerals path
    history
    listquota path
    ls [-s] [-w] [-R] path
    printwatches on|off
    quit
    reconfig [-s] [-v version] [[-file path] | [-members serverID=host:por
t1:port2;port3[,...]*]] | [-add serverID=host:port1:port2;port3[,...]]*
[-remove serverID[,...]*]
    redo cmdno
    removewatches path [-c|-d|-a] [-l]
    set [-s] [-v version] path data
    setAcl [-s] [-v version] [-R] path acl
    setquota -n|-b|-N|-B val path
    stat [-w] path
    sync path
    version
    whoami
Command not found: Command not found help
[zk: 127.0.0.1:2181(CONNECTED) 1]
```

后面的章节主要学习常用命令的使用，以便对ZooKeeper提供的功能掌握得更加完善。

2.9 使用 create 命令创建 znode

使用create命令创建znode。

```
create /ghyroot rootvalue
```

创建 1 个 znode，其对应的值是rootvalue，运行效果如下。

```
[zk: 127.0.0.1:2181(CONNECTED) 0] create /ghyroot rootvalue
Created /ghyroot
[zk: 127.0.0.1:2181(CONNECTED) 1]
```

本教程使用Curator来操作ZooKeeper服务器，Curator是ZooKeeper的Java Client。

Curator客户端在连接服务器时使用重试策略，最多允许 30 次重试，每一次重试的时间使用 2 的n次方作为算法，测试代码如下。

```java
public class TestTime {
    public static void main(String[] args) throws InterruptedException {
        System.out.println("第 1 次等待的时间 =" + Math.pow(2, 0));
        System.out.println("第 2 次等待的时间 =" + Math.pow(2, 1));
        System.out.println("第 3 次等待的时间 =" + Math.pow(2, 2));
        System.out.println("第 4 次等待的时间 =" + Math.pow(2, 3));
        System.out.println("第 5 次等待的时间 =" + Math.pow(2, 4));
        System.out.println("第 6 次等待的时间 =" + Math.pow(2, 5));
        System.out.println("第 7 次等待的时间 =" + Math.pow(2, 6));
        System.out.println("第 8 次等待的时间 =" + Math.pow(2, 7));
        System.out.println("第 9 次等待的时间 =" + Math.pow(2, 8));
    }
}
```

程序运行结果如下。

```
第 1 次等待的时间 =1.0
第 2 次等待的时间 =2.0
第 3 次等待的时间 =4.0
第 4 次等待的时间 =8.0
第 5 次等待的时间 =16.0
第 6 次等待的时间 =32.0
第 7 次等待的时间 =64.0
第 8 次等待的时间 =128.0
第 9 次等待的时间 =256.0
```

添加pom.xml依赖配置，代码如下。

```
<dependency>
    <groupId>org.apache.curator</groupId>
    <artifactId>curator-recipes</artifactId>
    <version>5.2.0</version>
    <type>pom</type>
</dependency>
```

创建常量类，代码如下。

```
public class F {
    public static final String IP_1 = "192.168.18.8";
    public static final String PORT_1 = "2181";
}
```

如果在虚拟机环境下运行ZooKeeper，则需要关闭VM中Linux操作系统的防火墙，不然宿主系统中的Java代码无法访问VM中的ZooKeeper服务。

测试代码如下。

```
public class CREATE_1 {
    public static void main(String[] args) throws Exception {
        String connectionString = F.IP_1 + ":" + F.PORT_1;
        RetryPolicy retryPolicy = new ExponentialBackoffRetry(1000, 3);
        CuratorFramework client = CuratorFrameworkFactory.
newClient(connectionString, retryPolicy);
        client.start();
        client.create().forPath("/a", "avalue".getBytes());
        client.close();
    }
}
```

重复创建相同的path，则出现异常。

```
Exception in thread "main" org.apache.zookeeper.KeeperException$NodeExist
sException: KeeperErrorCode = NodeExists for /a
```

可以使用checkExists()方法判断path是否存在，代码如下。

```
public class CREATE_2 {
    public static void main(String[] args) throws Exception {
        String connectionString = F.IP_1 + ":" + F.PORT_1;
        RetryPolicy retryPolicy = new ExponentialBackoffRetry(1000, 3);
        CuratorFramework client = CuratorFrameworkFactory.
newClient(connectionString, retryPolicy);
        client.start();
        Stat stat1 = client.checkExists().forPath("/a");
```

```
        if (stat1 == null) {
            client.create().forPath("/a", "avalue".getBytes());
        } else {
            System.out.println(" 已经存在路径 /a，不能重复创建！ ");
        }
        client.close();
    }
}
```

程序运行结果如下。

已经存在路径 /a，不能重复创建!

2.10 使用 ls 命令查看所有子节点

查看当前节点的所有子节点的命令是ls。

刚刚创建的ghyroot和a节点是在/根节点下，所以使用如下命令。

```
ls /
```

运行效果如下。

```
[zk:127.0.0.1:2181(CONNECTED) 8] ls /
[a, ghyroot, zookeeper]
[zk:127.0.0.1:2181(CONNECTED) 9]
```

测试代码如下。

```
public class LS {
    public static void main(String[] args) throws Exception {
        String connectionString = F.IP_1 + ":" + F.PORT_1;
        RetryPolicy retryPolicy = new ExponentialBackoffRetry(1000, 3);
        CuratorFramework client = CuratorFrameworkFactory.
newClient(connectionString, retryPolicy);
        client.start();

        List<String> childrenPath = client.getChildren().forPath("/");
        for (int i = 0; i < childrenPath.size(); i++) {
            System.out.println(childrenPath.get(i));
        }

        client.close();
```

```
    }
}
```

程序运行结果如下。

```
a
ghyroot
zookeeper
```

2.11 使用 get 命令查看节点对应的值

使用如下命令可以查看节点/ghyroot对应的值。

```
get /ghyroot
```

效果如下。

```
[zk: 127.0.0.1:2181(CONNECTED) 8] ls /
[a, ghyroot, zookeeper]
[zk: 127.0.0.1:2181(CONNECTED) 9] get /ghyroot
rootvalue
[zk: 127.0.0.1:2181(CONNECTED) 10] get /a
avalue
[zk: 127.0.0.1:2181(CONNECTED) 11] get /zookeeper

[zk: 127.0.0.1:2181(CONNECTED) 12]
```

从运行结果来看，节点/zookeeper没有对应的值。

测试代码如下。

```
public class GET {
    public static void main(String[] args) throws Exception {
        String connectionString = F.IP_1 + ":" + F.PORT_1;
        RetryPolicy retryPolicy = new ExponentialBackoffRetry(1000, 3);
        CuratorFramework client = CuratorFrameworkFactory.
newClient(connectionString, retryPolicy);
        client.start();

        System.out.println(new String(client.getData().forPath("/
ghyroot")));
        System.out.println(new String(client.getData().forPath("/a")));
```

```
        client.close();
    }
}
```

程序运行结果如下。

```
rootvalue
avalue
```

如果 get 的 path 不存在，则出现异常，测试代码如下。

```
public class Get_NoExistsPath {
    public static void main(String[] args) throws Exception {
        String connectionString = F.IP_1 + ":" + F.PORT_1;
        RetryPolicy retryPolicy = new ExponentialBackoffRetry(1000, 3);
        CuratorFramework client = CuratorFrameworkFactory.
newClient(connectionString, retryPolicy);
        client.start();

        System.out.println(new String(client.getData().forPath("/
NoExistsPath")));

        client.close();
    }
}
```

程序运行结果如下。

```
Exception in thread "main" org.apache.zookeeper.KeeperException$NoNodeExc
eption: KeeperErrorCode = NoNode for /NoExistsPath
```

2.12　使用 set 命令对节点设置新值

使用如下命令对 /ghyroot 节点的值重新进行设置。

```
set /ghyroot new_value
```

然后再使用 get 命令取出新的值，效果如下。

```
[zk: 127.0.0.1:2181(CONNECTED) 17] ls /
[a, ghyroot, zookeeper]
[zk: 127.0.0.1:2181(CONNECTED) 18] get /ghyroot
rootvalue
```

```
[zk: 127.0.0.1:2181(CONNECTED) 19] set /ghyroot newRootValue
[zk: 127.0.0.1:2181(CONNECTED) 20] get /ghyroot
newRootValue
[zk: 127.0.0.1:2181(CONNECTED) 21]
```

测试代码如下。

```
public class SET_GET {
    public static void main(String[] args) throws Exception {
        String connectionString = F.IP_1 + ":" + F.PORT_1;
        RetryPolicy retryPolicy = new ExponentialBackoffRetry(1000, 3);
        CuratorFramework client = CuratorFrameworkFactory.
newClient(connectionString, retryPolicy);
        client.start();

        if (client.checkExists().forPath("/newNode") != null) {
            client.delete().forPath("/newNode");
        }

        client.create().forPath("/newNode", "oldNodeValue".
getBytes(StandardCharsets.UTF_8));
        System.out.println(new String(client.getData().forPath("/
newNode")));
        client.setData().forPath("/newNode", "newNodeValue".
getBytes(StandardCharsets.UTF_8));
        System.out.println(new String(client.getData().forPath("/
newNode")));

        client.close();
    }
}
```

程序运行结果如下。

```
oldNodeValue
newNodeValue
```

2.13 使用 delete 命令删除节点

使用delete命令删除/ghyroot节点，效果如下。

```
[zk: 127.0.0.1:2181(CONNECTED) 21] ls /
[a, ghyroot, newNode, zookeeper]
[zk: 127.0.0.1:2181(CONNECTED) 22] get /ghyroot
newRootValue
[zk: 127.0.0.1:2181(CONNECTED) 23] delete /ghyroot
[zk: 127.0.0.1:2181(CONNECTED) 24] ls /
[a, newNode, zookeeper]
[zk: 127.0.0.1:2181(CONNECTED) 25] get /ghyroot
org.apache.zookeeper.KeeperException$NoNodeException: KeeperErrorCode =
NoNode for /ghyroot
[zk: 127.0.0.1:2181(CONNECTED) 26]
```

测试代码如下。

```
public class Delete {
    public static void main(String[] args) throws Exception {
        String connectionString = F.IP_1 + ":" + F.PORT_1;
        RetryPolicy retryPolicy = new ExponentialBackoffRetry(1000, 3);
        CuratorFramework client = CuratorFrameworkFactory.
newClient(connectionString, retryPolicy);
        client.start();

        if (client.checkExists().forPath("/newNode") != null) {
            client.delete().forPath("/newNode");
        }

        client.create().forPath("/newNode", "newNodeValue".
getBytes(StandardCharsets.UTF_8));
        System.out.println(new String(client.getData().forPath("/
newNode")));

        client.delete().forPath("/newNode");

        client.getData().forPath("/newNode");

        client.close();
    }
}
```

程序运行结果如下。

```
newNodeValue
```

```
Exception in thread "main" org.apache.zookeeper.KeeperException$NoNodeExc
eption: KeeperErrorCode = NoNode for /newNode
```

前面这些步骤成功搭建了一个单机环境下的ZooKeeper服务，并实现对节点进行CURD操作，C使用create命令，U使用set命令，R使用ls和get命令，D使用delete命令。

第3章

搭建ZooKeeper主从运行环境

ZooKeeper准确来讲没有集群模式，只有主从复制模式，因为每台ZooKeeper服务器中存储的数据都是一样的，master主服务器在ZooKeeper中称为Leader领导者，slave从服务器在ZooKeeper中称为Follower跟随者，Leader服务器会将数据同步复制到Follower服务器中，Leader和Follower中的数据是一模一样的，所以并不是集群模式，而是主从复制模式。

采用Leader-Follower复制架构建议至少使用3台以上的服务器，并且服务器的数量是奇数，有利于选举Leader。

ZooKeeper不仅可以单机提供服务，同时也支持物理多机组成主从复制架构来提供服务，每台物理机安装一个ZooKeeper服务来搭建主从复制架构是在生产环境下建议使用的。当然也可以在一台物理机上运行多个ZooKeeper实例，但这种方式不建议在生产环境下使用，因为当这台物理机出现宕机时，整体的ZooKeeper服务全部呈失效的状态。

来自客户端的所有写入请求都被转发到Leader服务器，再由Leader服务器向其他的Follower同步数据。

本章在1台服务器模拟实现物理主从环境。

3.1 配置选项 initLimit 和 syncLimit 的解释

ZooKeeper主从复制架构下有以下两个核心配置选项。

```
initLimit=10
syncLimit=5
```

这两个配置解释如下。

（1）initLimit：代表主从复制环境中的Follower服务器与Leader服务器之间初始连接时能容忍的最多心跳数。

Follower服务器在启动时，会连接Leader服务器，并从Leader服务器同步所有最新的数据，连接和同步数据的操作是需要时间的。

如果tickTime=2000，initLimit=10，则说明Leader允许Follower在20秒时间内完成连接和同步数据的工作，2000×10=20000毫秒，20000毫秒等于20秒。如果超过20秒，则连接失败。

通常情况下使用默认配置即可，因为ZooKeeper中不会存储大量的数据，ZooKeeper也不是存储大量数据的方案。如果网络传输速度慢，则Follower对Leader进行连接与同步数据的时间也会相应变长，在这种情况下，可以适当调大这个参数值，以增加同步数据所使用的时间。

如果在设定的时间段内，半数以上的Follower未能完成同步，Leader便会宣布放弃Leader地位，进行另一次的Leader选举。

（2）syncLimit：代表主从复制环境中的 Follower 服务器与 Leader 服务器在请求和响应之间能容忍的最多心跳数。

如果 tickTime=2000，syncLimit=5，则 syncLimit 时间值就是 10 秒，2000×5=10000 毫秒，10000 毫秒就是 10 秒。主从复制环境搭建成功后，Leader 负责与其他所有的 Follower 进行通信，包括通过心跳检测机制来检测对方服务器的存活状态。如果 Leader 向 Follower 发出心跳包在 10 秒之后还没有从 Follower 那里收到响应，则 Leader 就认为这个 Follower 已经不在线了，不需要对不在线的 Follower 同步数据。注意，不要把这个参数设置得过大，否则可能会掩盖一些问题。

之所以 initLimit=10 的心跳数比 syncLimit=5 大，是因为 Follower 服务器在启动时，会连接 Leader 服务器，并从 Leader 服务器同步所有最新的数据，连接服务器和同步数据需要耗时比较多，所以 initLimit=10 的心跳数比 syncLimit=5 大。

常规环境下，这两个参数的值都不需要更改，使用默认的即可。

3.2　创建 myid 文件及更改 cfg 配置文件

安装和配置 ZooKeeper 的主从复制架构非常简单，所要做的就是在 zoo.cfg 配置文件中增加每个服务器节点的配置项，示例如下。

```
dataDir=/home/ghy/T/z_x/dataDir
clientPort=2181

server.1= 主机 IP 或虚拟机 IP:2881:3881
server.2= 主机 IP 或虚拟机 IP:2882:3882
server.3= 主机 IP 或虚拟机 IP:2883:3883
```

由于本实验是在一台物理机中模拟多机环境下组成 ZooKeeper 的主从复制架构，所以使用 dataDir 属性设置每个 ZooKeeper 实例的数据和日志文件要存储到不同的位置，防止多个实例之间发生文件覆盖的情况。还要使用 clientPort 属性设置每个实例使用不同的端口。

选项：

```
dataDir=/home/ghy/T/z_x/dataDir
clientPort=2181
```

其是配置当前 ZooKeeperA 实例的信息。

注意：配置文件 zoo.cfg 中不要有重复的配置，比如多个 clientPort。

多个ZooKeeper实例是如何找到彼此的呢？使用server.X=A:B:C格式进行配置，比如：

```
server.1=localhost:2881:3881
server.2=localhost:2882:3882
server.3=localhost:2883:3883
```

选项名server.X代表第X台服务器使用等号（=）后面的配置，X值是整数。

模式server.X=A:B:C解释如下。

（1）A代表第X台服务器的IP地址或虚拟机IP地址。

（2）B表示第X台服务器与Leader服务器交换信息的端口。

（3）C表示万一Leader服务器宕机，则第X台服务器就需要C这个端口在多个Follower之间重新进行选举，选出一个新的Leader，端口C就是用来执行选举时服务器相互通信的端口。

注意：B和C的端口一定不要写成2181，这样会使server port和client port一样，最终在日志里出现Exception when following the leader java.io.EOFException异常。

如果在局域网（Win10）+VirtualBox（Linux）搭建真实的分布式ZooKeeper复制环境，则本机的IP可以写成0.0.0.0。

如果有3个ZooKeeper实例，则需要3个zoo.cfg配置文件，每个zoo.cfg配置文件配置当前ZooKeeper实例的信息。如果是在一台物理机上搭建主从复制环境，则A的值都是一样的，但不同的ZooKeeper实例之间通信端口号不能一样，就要给它们分配不同的端口号。

本实验环境需要3个ZooKeeper实例，所以需要分别创建3个文件夹，把3个ZooKeeper实例分别放在3个不同的文件夹中，效果如图3-1所示。

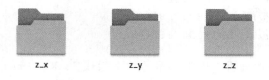

z_x   z_y   z_z

图3-1　文件夹

当ZooKeeper服务启动时，是如何确定当前ZooKeeper实例属于第X台计算机呢？使用端口的值是什么呢？这时就要在以下文件夹中分别创建myid文件，无扩展名，里面的值就是server.X中X的值。

```
dataDir=/home/ghy/T/z_x/dataDir
dataDir=/home/ghy/T/z_y/dataDir
dataDir=/home/ghy/T/z_z/dataDir
```

ZooKeeperX服务的示例配置如图3-2所示，ZooKeeperY服务的示例配置如图3-3所示。

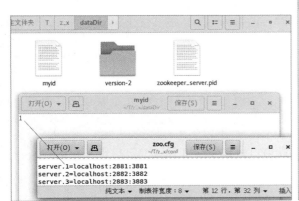

图 3-2　ZooKeeperX 服务的示例配置

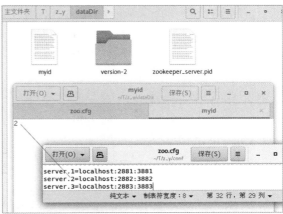

图 3-3　ZooKeeperY 服务的示例配置

ZooKeeperZ 服务的示例配置如图 3-4 所示。

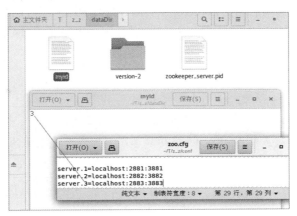

图 3-4　ZooKeeperZ 服务的示例配置

文件 myid 创建在 dataDir 文件夹下，该文件里面只有一个数据，就是 X 的值，ZooKeeper 实例启动时会读取这个文件，拿到里面 X 的值，然后到 zoo.cfg 配置文件中进行匹配，从而判断到底是哪个 Server 服务器。

3.3　启动每个 ZooKeeper 实例

分别打开 3 个终端窗口，并进入每个终端窗口中 ZooKeeper 实例的文件夹，效果如下。

```
[ghy@localhost T]$ cd z_x
[ghy@localhost z_x]$ cd bin
[ghy@localhost bin]$
```

```
[ghy@localhost T]$ cd z_y
[ghy@localhost z_y]$ cd bin
[ghy@localhost bin]$

[ghy@localhost T]$ cd z_z
[ghy@localhost z_z]$ cd bin
[ghy@localhost bin]$
```

输入 zkServer 命令，但不要按 Enter 键，3 个终端窗口内容分别如下。

```
[ghy@localhost z_x/bin]$ sh zkServer.sh start
[ghy@localhost z_y/bin]$ sh zkServer.sh start
[ghy@localhost z_z/bin]$ sh zkServer.sh start
```

这么做的主要原因是想实现在最短时间内 3 个服务器能互相找到彼此，如果在终端中依次分别输入这些命令，则会出现当前启动的 ZooKeeper 实例寻找其他服务器时超时的情况。

确保当前 ZooKeeper 实例启动后再到其他的终端窗口中按下 Enter 键，全部启动后通过如下命令，可以看到有 3 个 ZooKeeper 进程在系统中进行。

```
ps -ef|grep java
```

注意：启动 ZooKeeper 后一定要观察 logs 文件夹中的日志，从日志中查看 ZooKeeper 内部的执行状态，因为有的时候虽然 ZooKeeper 成功启动了，但内部是报错的，从报错信息中找出线索，然后一一解决。

3.4 向 Leader 中存数据及从 Follower 中取数据

使用命令：

```
sh zkCli.sh -server 127.0.0.1:2181
```

连接到 2181 端口的 ZooKeeper 实例，并创建名称为 mykey 的 znode 节点，命令如下。

```
[zk: 127.0.0.1:2181(CONNECTED) 0] ls /
[zookeeper]
[zk: 127.0.0.1:2181(CONNECTED) 1] create /mykey myvalue
Created /mykey
[zk: 127.0.0.1:2181(CONNECTED) 2] ls
ls [-s] [-w] [-R] path
[zk: 127.0.0.1:2181(CONNECTED) 3] get /mykey
myvalue
```

```
[zk: 127.0.0.1:2181(CONNECTED) 4]
```

使用命令：

```
sh zkCli.sh -server 127.0.0.1:2182
```

连接到 2182 端口的 ZooKeeper 实例，同步了 Leader 中的数据，测试命令如下。

```
[zk: 127.0.0.1:2182(CONNECTED) 1] ls /
[mykey, zookeeper]
[zk: 127.0.0.1:2182(CONNECTED) 2] get /mykey
myvalue
[zk: 127.0.0.1:2182(CONNECTED) 3]
```

使用命令：

```
sh zkCli.sh -server 127.0.0.1:2183
```

连接到 2183 端口的 ZooKeeper 实例，同步了 Leader 中的数据，测试命令如下。

```
[zk: 127.0.0.1:2183(CONNECTED) 1] ls /
[mykey, zookeeper]
[zk: 127.0.0.1:2183(CONNECTED) 2] get /mykey
myvalue
[zk: 127.0.0.1:2183(CONNECTED) 3]
```

至此，主从复制架构，也就是 Leader-Follower 架构环境搭建就结束了。

在 ZooKeeper 的 Leader-Follower 架构中，存在"大于半数即存活"的特性，如果整个 Leader-Follower 架构对外提供的服务可用的话，那么 Leader-Follower 架构中必须要有过半的机器正常工作，并且彼此之间能够正常通信。

如果想搭建一个能够允许 F 台机器宕掉的集群，那么就要部署一个由 2×F+1 台机器构成的 Leader-Follower 架构。所以一个由 3 台机器构成的 Leader-Follower 架构能够在宕掉 1 台机器后依然正常工作，而 5 台机器能够在宕掉 2 台机器后依然正常工作。注意，如果是 6 台机器，则只能宕掉 2 台机器，因为如果宕掉 3 台，剩下的 3 台机器数量就没有过半，所以设计 Leader-Follower 架构通常部署成奇数台机器。

3.5　获取 ZooKeeper 实例的角色

判断实例是 Leader 还是 Follower，需要使用如下命令。

```
sh zkServer.sh status
```

此命令需要在不同的 ZooKeeper 的 bin 文件夹中执行。

3.6 命令 sync 的使用

注意：ZooKeeper并不保证从某个ZooKeeper服务中读取的是最新数据，所以需要执行sync命令进行数据的同步。

在服务器 1 中执行如下命令。

```
[zk: 192.168.43.124:2181(CONNECTED) 46] sync /b
Sync is OK
[zk: 192.168.43.124:2181(CONNECTED) 47] get /b
Bvalue
public class SYNC {
    public static void main(String[] args) throws Exception {
        String connectionString = F.IP_1 + ":" + F.PORT_1;
        RetryPolicy retryPolicy = new ExponentialBackoffRetry(1000, 3);
        CuratorFramework client = CuratorFrameworkFactory.
newClient(connectionString, retryPolicy);
        client.start();

        client.sync().forPath("/b");
        System.out.println(new String(client.getData().forPath("/b")));

        client.close();
    }
}
```

有的时候由于网络慢等原因，使用Java代码去连接ZooKeeper服务器时会出现超时导致如下异常：

```
Caused by: java.lang.IllegalStateException: Create zookeeper service
discovery failed.
Caused by: java.lang.IllegalStateException: failed to connect to zookeeper
server
```

这时可以使用blockUntilConnectedWait参数进行解决，示例配置如下：

```
# 配置 dubbo
dubbo:
  registries:
    provider1:
      address: zookeeper://192.168.3.174
      port: 2181
      timeout: 2500000
      parameters:
        blockUntilConnectedWait: 250
```

第4章

ZooKeeper常见命令和Curator的使用

4.1 命令 create [-s] [-e] [-c] [-t ttl] path [data] [acl] 和 get [-s] [-w] path 的使用

命令：

```
create [-s] [-e] [-c] [-t ttl] path [data] [acl]
```

其作用是创建 znode 节点。

参数 -s：SEQUENTIAL 序列节点，名字唯一。

参数 -e：EPHEMERAL 临时节点。

参数 -c：CONTAINER 容器节点。

参数 -t：TTL 超时过期节点。

参数 path：节点的名称，也可称为路径。

参数 data：节点对应的值，一个 znode 可以有节点名称，但没有值，值是可选的。

参数 acl：znode 节点设置权限，ZooKeeper 使用 ACL 实现对节点权限的控制。ACL 的使用在后面的章节会有介绍。

命令：

```
get [-s] [-w] path
```

其作用是获取节点对应的值。

参数 -s：获取节点状态信息。

参数 -w：监听 path 节点对应的值是否更改。

4.1.1 使用命令 create 创建主从节点

案例如下。

```
[zk: 127.0.0.1:2181(CONNECTED) 1] create /1
Created /1
[zk: 127.0.0.1:2181(CONNECTED) 2] create /1/11
Created /1/11
[zk: 127.0.0.1:2181(CONNECTED) 3] create /1/22
Created /1/22
[zk: 127.0.0.1:2181(CONNECTED) 4] ls /1
[11, 22]
[zk: 127.0.0.1:2181(CONNECTED) 5]
```

Java 代码如下。

```
public class CREATE_1 {
```

```java
    public static void main(String[] args) throws Exception {
        String connectionString = F.IP_1 + ":" + F.PORT_1;
        RetryPolicy retryPolicy = new ExponentialBackoffRetry(1000, 3);
        CuratorFramework client = CuratorFrameworkFactory.
newClient(connectionString, retryPolicy);
        client.start();

        client.create().forPath("/a", "".getBytes());
        client.create().forPath("/a/bb", "".getBytes());
        client.create().forPath("/a/cc", "".getBytes());

        List<String> childrenPath = client.getChildren().forPath("/a");
        for (int i = 0; i < childrenPath.size(); i++) {
            System.out.println(childrenPath.get(i));
        }

        client.close();
    }
}
```

程序运行结果如下。

```
bb
cc
```

4.1.2 命令 create 参数 −e 创建临时节点

案例如下。

```
[zk: 127.0.0.1:2181(CONNECTED) 12] ls /
[1, zookeeper]
[zk: 127.0.0.1:2181(CONNECTED) 13] create -e /2
Created /2
[zk: 127.0.0.1:2181(CONNECTED) 14] ls /
[1, 2, zookeeper]
[zk: 127.0.0.1:2181(CONNECTED) 15] close
[zk: 127.0.0.1:2181(CLOSED) 16] connect 127.0.0.1:2181
[zk: 127.0.0.1:2181(CONNECTED) 17] ls /
[1, zookeeper]
[zk: 127.0.0.1:2181(CONNECTED) 18]
```

Java 代码如下。

```java
public class CREATE_2 {
```

```
public static void main(String[] args) throws Exception {
    String connectionString = F.IP_1 + ":" + F.PORT_1;
    RetryPolicy retryPolicy = new ExponentialBackoffRetry(1000, 3);
    {
        CuratorFramework client = CuratorFrameworkFactory.
newClient(connectionString, retryPolicy);
        client.start();

        client.create().withMode(CreateMode.EPHEMERAL).forPath("/
MYEPHEMERAL", "".getBytes());
        List<String> childrenPath = client.getChildren().forPath("/");
        for (int i = 0; i < childrenPath.size(); i++) {
            System.out.println(childrenPath.get(i));
        }
        client.close();
    }
    System.out.println("---------------------");
    {
        CuratorFramework client = CuratorFrameworkFactory.
newClient(connectionString, retryPolicy);
        client.start();

        List<String> childrenPath = client.getChildren().forPath("/");
        for (int i = 0; i < childrenPath.size(); i++) {
            System.out.println(childrenPath.get(i));
        }
        client.close();
    }
}
}
```

程序运行结果如下。

```
1
a
abc
zookeeper
ghyname
MYEPHEMERAL
---------------------
1
a
abc
```

```
zookeeper
ghyname
```

4.1.3　命令 create 参数 −s 创建序列节点

案例如下。

```
[zk: 127.0.0.1:2181(CONNECTED) 2] ls /
[x, zookeeper]
[zk: 127.0.0.1:2181(CONNECTED) 3] create /a
Created /a
[zk: 127.0.0.1:2181(CONNECTED) 4] create /a/a1
Created /a/a1
[zk: 127.0.0.1:2181(CONNECTED) 5] create /a/a2
Created /a/a2
[zk: 127.0.0.1:2181(CONNECTED) 6] create /a/a3
Created /a/a3
[zk: 127.0.0.1:2181(CONNECTED) 7] create -s /a/mysequence
Created /a/mysequence0000000003
[zk: 127.0.0.1:2181(CONNECTED) 8] create -s /a/mysequence
Created /a/mysequence0000000004
[zk: 127.0.0.1:2181(CONNECTED) 9] create -s /a/mysequence
Created /a/mysequence0000000005
[zk: 127.0.0.1:2181(CONNECTED) 10] ls /a
[a1, a2, a3, mysequence0000000003, mysequence0000000004,
mysequence0000000005]
[zk: 127.0.0.1:2181(CONNECTED) 11]
```

当序列值增加到 2147483647 之后，计数器将溢出，导致名称为−2147483648。

Java代码如下。

```java
public class CREATE_3 {
    public static void main(String[] args) throws Exception {
        String connectionString = F.IP_1 + ":" + F.PORT_1;
        RetryPolicy retryPolicy = new ExponentialBackoffRetry(1000, 3);
        CuratorFramework client = CuratorFrameworkFactory.
newClient(connectionString, retryPolicy);
        client.start();

        client.create().forPath("/c", "".getBytes());
        client.create().forPath("/c/c1", "".getBytes());
        client.create().forPath("/c/c2", "".getBytes());
```

```
        System.out.println(client.create().withMode(CreateMode.
PERSISTENT_SEQUENTIAL).forPath("/c/my_sequential"));
        System.out.println(client.create().withMode(CreateMode.
PERSISTENT_SEQUENTIAL).forPath("/c/my_sequential"));
        System.out.println(client.create().withMode(CreateMode.
PERSISTENT_SEQUENTIAL).forPath("/c/my_sequential"));
        System.out.println(client.create().withMode(CreateMode.
PERSISTENT_SEQUENTIAL).forPath("/c/my_sequential"));

        System.out.println();

        List<String> childrenPath = client.getChildren().forPath("/c");
        for (int i = 0; i < childrenPath.size(); i++) {
            System.out.println(childrenPath.get(i));
        }

        client.close();
    }
}
```

程序运行结果如下。

```
/c/my_sequential0000000002
/c/my_sequential0000000003
/c/my_sequential0000000004
/c/my_sequential0000000005

my_sequential0000000005
my_sequential0000000004
my_sequential0000000003
my_sequential0000000002
c1
c2
```

4.1.4   命令 create 参数 −e 临时节点不允许有子节点

案例如下。

```
[zk: 127.0.0.1:2181(CONNECTED) 1] ls /
[1, 3, zookeeper]
[zk: 127.0.0.1:2181(CONNECTED) 2] create -e /4 value
Created /4
[zk: 127.0.0.1:2181(CONNECTED) 3] get /4
```

```
value
[zk: 127.0.0.1:2181(CONNECTED) 4] create /4/4sub subvalue
Ephemerals cannot have children: /4/4sub
[zk: 127.0.0.1:2181(CONNECTED) 5]
```

Java代码如下。

```java
public class CREATE_4 {
    public static void main(String[] args) throws Exception {
        String connectionString = F.IP_1 + ":" + F.PORT_1;
        RetryPolicy retryPolicy = new ExponentialBackoffRetry(1000, 3);
        CuratorFramework client = CuratorFrameworkFactory.
newClient(connectionString, retryPolicy);
        client.start();

        client.create().withMode(CreateMode.EPHEMERAL).forPath("/a");
        client.create().forPath("/a/aa");

        client.close();
    }
}
```

程序运行结果如下。

```
Exception in thread "main" org.apache.zookeeper.KeeperException$NoChildren
ForEphemeralsException: KeeperErrorCode = NoChildrenForEphemerals for /a/
aa
```

4.1.5　命令 create 参数 −s 序列节点允许有子节点测试

案例如下。

```
[zk: 127.0.0.1:2181(CONNECTED) 14] ls /
[1, 3, 4, zookeeper]
[zk: 127.0.0.1:2181(CONNECTED) 15] create /5
Created /5
[zk: 127.0.0.1:2181(CONNECTED) 16] create -s /5/abc
Created /5/abc0000000000
[zk: 127.0.0.1:2181(CONNECTED) 17] create -s /5/abc
Created /5/abc0000000001
[zk: 127.0.0.1:2181(CONNECTED) 18] create -s /5/abc
Created /5/abc0000000002
[zk: 127.0.0.1:2181(CONNECTED) 19] ls /5
[abc0000000000, abc0000000001, abc0000000002]
```

```
[zk: 127.0.0.1:2181(CONNECTED) 20] create /5/abc0000000000/xyz xyzvalue
Created /5/abc0000000000/xyz
[zk: 127.0.0.1:2181(CONNECTED) 21] ls /5/abc0000000000
[xyz]
[zk: 127.0.0.1:2181(CONNECTED) 22] get /5/abc0000000000/xyz
xyzvalue
[zk: 127.0.0.1:2181(CONNECTED) 23]
```

Java代码如下。

```
public class CREATE_5 {
    public static void main(String[] args) throws Exception {
        String connectionString = F.IP_1 + ":" + F.PORT_1;
        RetryPolicy retryPolicy = new ExponentialBackoffRetry(1000, 3);
        CuratorFramework client = CuratorFrameworkFactory.
newClient(connectionString, retryPolicy);
        client.start();

        client.create().forPath("/a", "".getBytes());
        System.out.println(client.create().withMode(CreateMode.
PERSISTENT_SEQUENTIAL).forPath("/a/b", "".getBytes()));
        System.out.println(client.create().withMode(CreateMode.
PERSISTENT_SEQUENTIAL).forPath("/a/b", "".getBytes()));
        System.out.println(client.create().withMode(CreateMode.
PERSISTENT_SEQUENTIAL).forPath("/a/b", "".getBytes()));

        client.create().forPath("/a/b0000000002/xyz", "xyzValue".
getBytes(StandardCharsets.UTF_8));

        System.out.println();

        List<String> childrenPath = client.getChildren().forPath("/a/
b0000000002");
        for (int i = 0; i < childrenPath.size(); i++) {
            System.out.println(childrenPath.get(i));
        }

        client.close();
    }
}
```

程序运行结果如下。

```
/a/b0000000000
```

```
/a/b0000000001
/a/b0000000002


xyz
```

4.1.6　命令 create 参数 −e −s 创建临时序列节点

案例如下。

```
[zk: 127.0.0.1:2181(CONNECTED) 23] ls /
[1, 3, 4, 5, zookeeper]
[zk: 127.0.0.1:2181(CONNECTED) 24] create /6
Created /6
[zk: 127.0.0.1:2181(CONNECTED) 25] create -e -s /6/sub
Created /6/sub0000000000
[zk: 127.0.0.1:2181(CONNECTED) 26] create -e -s /6/sub
Created /6/sub0000000001
[zk: 127.0.0.1:2181(CONNECTED) 27] create -e -s /6/sub
Created /6/sub0000000002
[zk: 127.0.0.1:2181(CONNECTED) 28] ls /6
[sub0000000000, sub0000000001, sub0000000002]
[zk: 127.0.0.1:2181(CONNECTED) 29] close
[zk: 127.0.0.1:2181(CLOSED) 30] connect 127.0.0.1:2181
[zk: 127.0.0.1:2181(CONNECTED) 31] ls /6
[]
[zk: 127.0.0.1:2181(CONNECTED) 32]
```

Java 代码如下。

```java
public class CREATE_6 {
    public static void main(String[] args) throws Exception {
        String connectionString = F.IP_1 + ":" + F.PORT_1;
        RetryPolicy retryPolicy = new ExponentialBackoffRetry(1000, 3);

        {
            CuratorFramework client = CuratorFrameworkFactory.
newClient(connectionString, retryPolicy);
            client.start();

            client.create().forPath("/a", "".getBytes());
            System.out.println(client.create().withMode(CreateMode.
EPHEMERAL_SEQUENTIAL).forPath("/a/b", "".getBytes()));
            System.out.println(client.create().withMode(CreateMode.
```

```
EPHEMERAL_SEQUENTIAL).forPath("/a/b", "".getBytes()));
        System.out.println(client.create().withMode(CreateMode.
EPHEMERAL_SEQUENTIAL).forPath("/a/b", "".getBytes()));

        List<String> childrenPath = client.getChildren().forPath("/
a");
        for (int i = 0; i < childrenPath.size(); i++) {
            System.out.println(childrenPath.get(i));
        }

        client.close();
    }
    System.out.println("-----------------");

    {
        CuratorFramework client = CuratorFrameworkFactory.
newClient(connectionString, retryPolicy);
        client.start();

        List<String> childrenPath = client.getChildren().forPath("/
a");
        for (int i = 0; i < childrenPath.size(); i++) {
            System.out.println(childrenPath.get(i));
        }

        client.close();
    }
  }
}
```

程序运行结果如下。

```
/a/b0000000000
/a/b0000000001
/a/b0000000002
b0000000002
b0000000001
b0000000000
-----------------
```

4.1.7　命令 create 参数 -c 创建容器节点

案例如下。

```
[zk: 127.0.0.1:2181(CONNECTED) 32] ls /
[1, 3, 5, 6, zookeeper]
[zk: 127.0.0.1:2181(CONNECTED) 33] create -c /7
Created /7
[zk: 127.0.0.1:2181(CONNECTED) 34] create /7/71
Created /7/71
[zk: 127.0.0.1:2181(CONNECTED) 35] create /7/71/72
Created /7/71/72
[zk: 127.0.0.1:2181(CONNECTED) 36] ls /
[1, 3, 5, 6, 7, zookeeper]
[zk: 127.0.0.1:2181(CONNECTED) 37] ls /7/71
[72]
[zk: 127.0.0.1:2181(CONNECTED) 38] delete /7/71/72
[zk: 127.0.0.1:2181(CONNECTED) 39] delete /7/71
[zk: 127.0.0.1:2181(CONNECTED) 40] ls /
[1, 3, 5, 6, 7, zookeeper]
[zk: 127.0.0.1:2181(CONNECTED) 42] ls /7
[]
[zk: 127.0.0.1:2181(CONNECTED) 44] ls /
[1, 3, 5, 6, 7, zookeeper]
```

等待一些时间再执行如下命令。

```
[zk: 127.0.0.1:2181(CONNECTED) 46] ls /
[1, 3, 5, 6, zookeeper]
[zk: 127.0.0.1:2181(CONNECTED) 47]
```

Java 代码如下。

```java
public class CREATE_7 {
    public static void main(String[] args) throws Exception {
        String connectionString = F.IP_1 + ":" + F.PORT_1;
        RetryPolicy retryPolicy = new ExponentialBackoffRetry(1000, 3);

        {
            CuratorFramework client = CuratorFrameworkFactory.
newClient(connectionString, retryPolicy);
            client.start();

            client.create().withMode(CreateMode.CONTAINER).forPath("/a",
```

```
"".getBytes());
            client.create().forPath("/a/b1", "".getBytes());
            client.create().forPath("/a/b2", "".getBytes());

            client.delete().forPath("/a/b1");
            client.delete().forPath("/a/b2");

            {
                List<String> childrenPath = client.getChildren().
forPath("/a");
                for (int i = 0; i < childrenPath.size(); i++) {
                    System.out.println(childrenPath.get(i));
                }
            }
            System.out.println("-----------------");
            {
                List<String> childrenPath = client.getChildren().
forPath("/");
                for (int i = 0; i < childrenPath.size(); i++) {
                    System.out.println(childrenPath.get(i));
                }
            }

            client.close();
        }
        System.out.println("-----------------");
        Thread.sleep(60000);
        {
            CuratorFramework client = CuratorFrameworkFactory.
newClient(connectionString, retryPolicy);
            client.start();

            List<String> childrenPath = client.getChildren().forPath("/");
            for (int i = 0; i < childrenPath.size(); i++) {
                System.out.println(childrenPath.get(i));
            }

            client.close();
        }
    }
}
```

程序运行结果如下。

```
----------------
a
zookeeper
----------------
zookeeper
```

4.1.8　命令 create 参数 –t 创建超时过期节点

可以对 Persistent 节点或 Persistent_Sequential 节点应用 TTL 过期时间特性。TTL Znode 超时过期节点默认是屏蔽的，所以要在 zoo.cfg 文件中进行启用，配置如下。

```
extendedTypesEnabled=true
```

重启 ZooKeeper 服务。

如果 znode 未在 TTL 周期内修改，并且没有子级，则将在未来某个时间被服务器所删除，删除时间并不固定。

案例如下。

```
[zk: 127.0.0.1:2181(CONNECTED) 2] ls /
[zookeeper]
[zk: 127.0.0.1:2181(CONNECTED) 3] create -t 15000 /1 value
Created /1
[zk: 127.0.0.1:2181(CONNECTED) 4] ls /
[1, zookeeper]
[zk: 127.0.0.1:2181(CONNECTED) 5]
```

至少停止 15 秒之后再执行如下命令。

```
[zk: 127.0.0.1:2181(CONNECTED) 7] ls /
[zookeeper]
[zk: 127.0.0.1:2181(CONNECTED) 8]
```

注意：TTL 时间到达时并不是立即删除 path，而是在未来某一个时间点进行自动删除，所以建议将 Thread.sleep() 的参数值设置得大一些。

Java 代码如下。

```
public class CREATE_8 {
    public static void main(String[] args) throws Exception {
        String connectionString = F.IP_1 + ":" + F.PORT_1;
        RetryPolicy retryPolicy = new ExponentialBackoffRetry(1000, 3);
```

```
        CuratorFramework client = CuratorFrameworkFactory.
newClient(connectionString, retryPolicy);
        client.start();

        client.create().withTtl(15000).withMode(CreateMode.PERSISTENT_
WITH_TTL).forPath("/a", "avalue".getBytes());
        {
            List<String> childrenPath = client.getChildren().forPath("/");
            for (int i = 0; i < childrenPath.size(); i++) {
                System.out.println(childrenPath.get(i));
            }
        }
        System.out.println("-----------------");
        Thread.sleep(60000);
        {
            List<String> childrenPath = client.getChildren().forPath("/");
            for (int i = 0; i < childrenPath.size(); i++) {
                System.out.println(childrenPath.get(i));
            }
        }
        client.close();
    }
}
```

程序运行结果如下。

```
a
zookeeper
-----------------
zookeeper
```

4.1.9 命令 get 参数 −s 取得节点状态

案例如下。

```
[zk: 127.0.0.1:2181(CONNECTED) 89] create /a avalue
Created /a
[zk: 127.0.0.1:2181(CONNECTED) 90] get -s /a
avalue
cZxid = 0x1c
ctime = Fri Oct 11 15:31:03 CST 2019
mZxid = 0x1c
```

```
mtime = Fri Oct 11 15:31:03 CST 2019
pZxid = 0x1c
cversion = 0
dataVersion = 0
aclVersion = 0
ephemeralOwner = 0x0
dataLength = 6
numChildren = 0
[zk: 127.0.0.1:2181(CONNECTED) 91]
```

各属性解释如下。

（1）cZxid：ZooKeeper Znode 节点的事务 ID，每次修改 ZooKeeper 状态都会收到一个最新的事务 ID，事务 ID 在 ZooKeeper 中是唯一的，标识每一次修改的唯一 ID。如果 Znode1 节点的事务 ID 是 4，而 Znode2 节点的事务 ID 是 3，说明对 Znode1 节点的操作晚于 Znode2 节点。

（2）ctime：创建 znode 的时间（以毫秒为单位）。

（3）mZxid：修改之后的事务 ID。

（4）mtime：最后修改的时间。

（5）pZxid：子节点修改之后的 ID。

（6）cversion：子节点被改变的次数。

（7）dataVersion：当前节点数据的版本号，如果当前节点的数据被修改，这个值会累加 1。

（8）aclVersion：权限版本，如果权限发生变化，这个值会累加 1。

（9）ephemeralOwner：如果该节点为 Ephemeral 节点，ephemeralOwner 值表示与该节点绑定的 Session ID。如果该节点不是 Ephemeral 节点，ephemeralOwner 值为 0。可以根据此属性值来判断是永久节点还是临时节点。

（10）dataLength：数据长度。

（11）numChildren：子节点数量。

Java 代码如下。

```
public class GET {
    public static void main(String[] args) throws Exception {
        String connectionString = F.IP_1 + ":" + F.PORT_1;
        RetryPolicy retryPolicy = new ExponentialBackoffRetry(1000, 3);

        CuratorFramework client = CuratorFrameworkFactory.
newClient(connectionString, retryPolicy);
        client.start();

        client.create().forPath("/a", "".getBytes());
```

```
        Stat stat = new Stat();
        client.getData().storingStatIn(stat).forPath("/a");

        System.out.println("getCzxid=" + stat.getCzxid());
        System.out.println("getMzxid=" + stat.getMzxid());
        System.out.println("getCtime=" + stat.getCtime());
        System.out.println("getMtime=" + stat.getMtime());
        System.out.println("getVersion=" + stat.getVersion());
        System.out.println("getCversion=" + stat.getCversion());
        System.out.println("getAversion=" + stat.getAversion());
        System.out.println("getEphemeralOwner=" + stat.
getEphemeralOwner());
        System.out.println("getDataLength=" + stat.getDataLength());
        System.out.println("getNumChildren=" + stat.getNumChildren());
        System.out.println("getPzxid=" + stat.getPzxid());

        client.close();
    }
}
```

程序运行结果如下。

```
getCzxid=4294967448
getMzxid=4294967448
getCtime=1630564393363
getMtime=1630564393363
getVersion=0
getCversion=0
getAversion=0
getEphemeralOwner=0
getDataLength=12
getNumChildren=0
getPzxid=4294967448
```

4.1.10 使用参考路径

使用如下命令：

```
sh zkCli.sh -server 127.0.0.1:2181
```

连接到ZooKeeper服务器，在终端输入如下命令。

```
[zk: 127.0.0.1:2181(CONNECTED) 0] ls /
```

```
[zookeeper]
[zk: 127.0.0.1:2181(CONNECTED) 1] create /x
Created /x
[zk: 127.0.0.1:2181(CONNECTED) 2] create /x/y
Created /x/y
[zk: 127.0.0.1:2181(CONNECTED) 3] create /x/y/z
Created /x/y/z
[zk: 127.0.0.1:2181(CONNECTED) 4] ls / -R
/
/x
/zookeeper
/x/y
/x/y/z
/zookeeper/config
/zookeeper/quota
[zk: 127.0.0.1:2181(CONNECTED) 5] quit
[ghy@localhost bin]$ sh zkCli.sh -server 127.0.0.1:2181/x/y/z
 [zk: 127.0.0.1:2181/x/y/z(CONNECTED) 0] create /a1
Created /a1
[zk: 127.0.0.1:2181/x/y/z(CONNECTED) 1] create /a1/a2
Created /a1/a2
[zk: 127.0.0.1:2181/x/y/z(CONNECTED) 2] create /a1/a2/3
Created /a1/a2/3
[zk: 127.0.0.1:2181/x/y/z(CONNECTED) 3] ls / -R
/
/a1
/a1/a2
/a1/a2/3
[zk: 127.0.0.1:2181/x/y/z(CONNECTED) 5] quit
[ghy@localhost bin]$ sh zkCli.sh -server 127.0.0.1:2181
[zk: 127.0.0.1:2181(CONNECTED) 0] ls / -R
/
/x
/zookeeper
/x/y
/x/y/z
/x/y/z/a1
/x/y/z/a1/a2
/x/y/z/a1/a2/3
/zookeeper/config
/zookeeper/quota
[zk: 127.0.0.1:2181(CONNECTED) 1]
```

设置参考路径可以在1个ZooKeeper中根据参考路径来存放不同项目的共享数据。

Java代码如下。

```java
public class CREATE_9 {
    public static void main(String[] args) throws Exception {
        String connectionString = F.IP_1 + ":" + F.PORT_1;
        RetryPolicy retryPolicy = new ExponentialBackoffRetry(1000, 3);

        {
            CuratorFramework client = CuratorFrameworkFactory.
newClient(connectionString, retryPolicy);
            client.start();

            client.create().forPath("/a", "".getBytes());
            client.create().forPath("/a/b", "".getBytes());
            client.create().forPath("/a/b/c", "".getBytes());

            client.close();
        }

        {
            CuratorFramework client = CuratorFrameworkFactory.
newClient(connectionString + "/a/b/c", retryPolicy);
            client.start();

            client.create().forPath("/x", "".getBytes());
            client.create().forPath("/x/y", "".getBytes());
            client.create().forPath("/x/y/z", "".getBytes());

            client.close();
        }

        {
            CuratorFramework client = CuratorFrameworkFactory.
newClient(connectionString, retryPolicy);
            client.start();

            {
                List<String> childrenPath = client.getChildren().
forPath("/a");
                System.out.println(childrenPath.get(0));
            }
```

```
        {
            List<String> childrenPath = client.getChildren().
forPath("/a/b");
            System.out.println(childrenPath.get(0));
        }
        {
            List<String> childrenPath = client.getChildren().
forPath("/a/b/c");
            System.out.println(childrenPath.get(0));
        }
        {
            List<String> childrenPath = client.getChildren().
forPath("/a/b/c/x");
            System.out.println(childrenPath.get(0));
        }
        {
            List<String> childrenPath = client.getChildren().
forPath("/a/b/c/x/y");
            System.out.println(childrenPath.get(0));
        }
        client.close();
    }
}
}
```

程序运行结果如下。

```
b
c
x
y
z
```

4.2 命令 deleteall 的使用

命令：

```
deleteall path [-b batch size]
```

其作用是以递归的方式删除 znode 节点，也就是把父节点、子节点和子孙节点一起删除。

案例如下。

```
[zk: 127.0.01:2181(CONNECTED) 57] ls /
[1, 2, 3, 4, zookeeper]
[zk: 127.0.01:2181(CONNECTED) 58] create /5
Created /5
[zk: 127.0.01:2181(CONNECTED) 59] create /5/55
Created /5/55
[zk: 127.0.01:2181(CONNECTED) 60] create /5/55/555
Created /5/55/555
[zk: 127.0.01:2181(CONNECTED) 61] create /5/55/555/5555
Created /5/55/555/5555
[zk: 127.0.01:2181(CONNECTED) 62] ls /
[1, 2, 3, 4, 5, zookeeper]
[zk: 127.0.01:2181(CONNECTED) 63] deleteall /5
[zk: 127.0.01:2181(CONNECTED) 64] ls /
[1, 2, 3, 4, zookeeper]
[zk: 127.0.01:2181(CONNECTED) 65]
```

Java代码如下。

```java
public class CREATE_10 {
    public static void main(String[] args) throws Exception {
        String connectionString = F.IP_1 + ":" + F.PORT_1;
        RetryPolicy retryPolicy = new ExponentialBackoffRetry(1000, 3);

        CuratorFramework client = CuratorFrameworkFactory.
newClient(connectionString, retryPolicy);
        client.start();

        client.create().forPath("/a", "".getBytes());
        client.create().forPath("/a/b", "".getBytes());
        client.create().forPath("/a/b/c", "".getBytes());

        {
            List<String> childrenPath = client.getChildren().forPath("/");
            for (int i = 0; i < childrenPath.size(); i++) {
                System.out.println(childrenPath.get(i));
            }
        }

        System.out.println();

        client.delete().deletingChildrenIfNeeded().forPath("/a");
```

```
    {
        List<String> childrenPath = client.getChildren().forPath("/");
        for (int i = 0; i < childrenPath.size(); i++) {
            System.out.println(childrenPath.get(i));
        }
    }

    client.close();
    }
}
```

程序运行结果如下。

```
a
zookeeper

zookeeper
```

4.3　命令 close 的使用

命令：

```
close
```

其作用是断开与服务器的连接。

案例如下。

```
[zk: 127.0.0.1(CONNECTED) 206]
[zk: 127.0.0.1(CONNECTED) 206]
[zk: 127.0.0.1(CONNECTED) 206]
[zk: 127.0.0.1(CONNECTED) 206]
[zk: 127.0.0.1(CONNECTED) 206] ls /
[zookeeper]
[zk: 127.0.0.1(CONNECTED) 207] close
[zk: 127.0.0.1(CLOSED) 208]
```

4.4 命令 connect host:port 的使用

命令:

```
connect host:port
```

其作用是连接指定IP和Port的服务器。

案例如下。

```
[zk: 127.0.0.1(CLOSED) 208] connect 127.0.0.1 2181
[zk: 127.0.0.1(CONNECTED) 211] ls /
[zookeeper]
[zk: 127.0.0.1(CONNECTED) 212]
```

Curator支持多个HOST:PORT格式,如果其中一个主机连接不上,会尝试连接其他主机。

Java代码如下。

```java
public class Multi_Host {
    public static void main(String[] args) throws Exception {
        String connectionString = F.IP_1 + "123" + ":" + F.PORT_1 + "," +
F.IP_1 + ":" + F.PORT_1;
        RetryPolicy retryPolicy = new ExponentialBackoffRetry(1000, 3);

        CuratorFramework client = CuratorFrameworkFactory.
newClient(connectionString, retryPolicy);
        client.start();

        List<String> childrenPath = client.getChildren().forPath("/");
        for (int i = 0; i < childrenPath.size(); i++) {
            System.out.println(childrenPath.get(i));
        }

        client.close();
    }
}
```

程序运行结果如下。

```
zookeeper
```

4.5 命令 getAcl [-s] path 的使用与验证方式

ZooKeeper 可以对节点进行权限管理，但 ZooKeeper 节点的权限不能继承，也就是对 /a 节点设置的权限不能继承到 /a/b 节点中。

ZooKeeper 支持下面 5 种节点权限。

（1）CREATE：可创建子节点。

（2）DELETE：可删除子节点。

（3）READ：可获取节点数据和子节点列表。

（4）ADMIN：可设置节点权限。

（5）WRITE：可设置节点数据。

想拥有这全部 5 种权限，可以使用简写 CDRAW。

命令：

```
getAcl [-s] path
```

其作用是返回指定 path 路径的 Acl 权限信息。

4.5.1 命令 getAcl [-s] path 的使用

案例如下。

```
[zk: 127.0.0.1:2181(CONNECTED) 12] ls /
[zookeeper]
[zk: 127.0.0.1:2181(CONNECTED) 13] create /a avalue
Created /a
[zk: 127.0.0.1:2181(CONNECTED) 14] getAcl /a
'world,'anyone
: cdrwa
[zk: 127.0.0.1:2181(CONNECTED) 15]
```

命令 getAcl /a 返回如下信息。

```
[zk: 127.0.0.1(CONNECTED) 215] getAcl /a
'world,'anyone
: cdrwa
```

代表 anyone 所有人都拥有对 /a 节点操作的所有权限 CDRAW。

Java 代码如下。

```
public class GETACL {
    public static void main(String[] args) throws Exception {
```

```
        String connectionString = F.IP_1 + ":" + F.PORT_1;
        RetryPolicy retryPolicy = new ExponentialBackoffRetry(1000, 3);

        CuratorFramework client = CuratorFrameworkFactory.
newClient(connectionString, retryPolicy);
        client.start();

        client.create().forPath("/a", "".getBytes());

        List<ACL> listACL = client.getACL().forPath("/a");
        for (int i = 0; i < listACL.size(); i++) {
            ACL eachACL = listACL.get(i);
            System.out.println("getScheme=" + eachACL.getId().
getScheme());
            System.out.println("getId=" + eachACL.getId().getId());
            System.out.println("getPerms=" + eachACL.getPerms());
            System.out.println("toString=" + eachACL.toString());
        }

        client.close();
    }
}
```

程序运行结果如下。

```
getScheme=world
getId=anyone
getPerms=31
toString=31,s{'world,'anyone}
```

上面代码只是获得权限相关的信息，如果想判断当前用户有没有某个权限，则无法实现，可以使用如下Java代码实现此功能。

```
public class IfACL {
    public static void main(String[] args) throws Exception {
        String connectionString = F.IP_1 + ":" + F.PORT_1;
        RetryPolicy retryPolicy = new ExponentialBackoffRetry(1000, 3);

        CuratorFramework client = CuratorFrameworkFactory.
newClient(connectionString, retryPolicy);
        client.start();

        List<ACL> listACL = client.getACL().forPath("/a");
        for (int i = 0; i < listACL.size(); i++) {
```

```
        ACL acl = listACL.get(i);
        Id id = acl.getId();
        System.out.println("getId=" + id.getId() + " getScheme=" +
id.getScheme());
        int perms = acl.getPerms();
        System.out.println(((perms & 1) == 1) + " READ 权限 ");
        System.out.println(((perms & 2) == 2) + " WRITE 权限 ");
        System.out.println(((perms & 4) == 4) + " CREATE 权限 ");
        System.out.println(((perms & 8) == 8) + " DELETE 权限 ");
        System.out.println(((perms & 16) == 16) + " ADMIN 权限 ");
    }


    // （1）用 Curator 对 Znode 设置 ACL 权限。
    // （2）设计 UI，把 5 个权限显示成 5 个 Checkbox。
    // _____ 每个 Checkbox 的 value 值按顺序是 1,2,4,8,16，每个数字代表权限类型
如下：
    // _____int READ = 1;
    // _____int WRITE = 2;
    // _____int CREATE = 4;
    // _____int DELETE = 8;
    // _____int ADMIN = 16。
    // （3）把第一个和最后一个 Checkbox 打勾并点击 save 保存按钮。
    // （4）进入后台后将这些 Checkbox 的值进行相加操作，
    // _____ 得出全部拥有权限的十进制值 17 并保存到数据库。
    // （5）客户端执行 READ 操作时，取出 17 值，并执行如下代码，即可判断出有没有
            READ 权限：
    System.out.println();
    int allACL = 17;
    System.out.println(allACL);
    System.out.println((allACL & 1) == 1);
    System.out.println((allACL & 2) == 2);
    System.out.println((allACL & 4) == 4);
    System.out.println((allACL & 8) == 8);
    System.out.println((allACL & 16) == 16);

    client.close();
    // 可以使用 AOP 切换到权限所对应的方法实现权限判断。
    }
}
```

程序运行结果如下。

```
getId=anyone getScheme=world
```

```
true  READ 权限
true  WRITE 权限
true  CREATE 权限
true  DELETE 权限
true  ADMIN 权限

17
true
false
false
false
true
```

4.5.2　ZooKeeper 的五种认证方式

ZooKeeper 的身份认证有 5 种方式。

（1）world：anyone 代表任何用户。

（2）auth：代表已经认证通过的用户，使用格式 "scheme:expression:perms"，可以使用addauth digest user:pwd命令进行认证。

（3）digest：使用格式 "username:password" 进行认证，是业务系统中较常用的方式。

（4）ip：使用IP地址进行认证。

（5）x509：使用x509证书进行认证。

完整的 ACL 信息由 scheme:expression:perms 格式组成。scheme 就是五种身份认证方式之一，expression 代表指定认证方式所使用的表达式，而 perms 代表拥有的权限。

查询znode的ACL信息时，账户必须具有READ或ADMIN权限，如果没有ADMIN权限，则 schemes模式为digest的功能被屏蔽 。

本教程将对第二种和第三种认证方式进行测试，这两种认证方式是使用频率最高的。

4.6　设置认证方式与授权

在操作节点前首先要经过登录认证，然后再根据所拥有的权限进行操作，这也是正常的使用方式。

再来回顾一下ACL信息的组成：scheme:expression:perms，expression代表指定认证方式所使用的表达式，而perms代表拥有的权限。后面的命令要使用此格式来进行操作。

和ACL有关系的命令如下。

（1）create［-s］［-e］［-c］［-t ttl］path［data］［acl］：命令 create 包含 ACL 参数，可以在创建 znode 节点时设置 ACL。

（2）addauth scheme auth 的作用有 2 个。

①登录验证。

②创建用户信息，包含用户和密码，以便后面的命令如果对 ACL 中的 scheme 使用 auth 类型的认证时，可以直接使用经过认证的账号和密码信息。

（3）setAcl［-s］［-v version］［-R］path acl：对 path 节点设置 ACL。

（4）getAcl［-s］path：获得 path 节点的权限信息。

ZooKeeper 可以使用 2 类共 4 种常见方式对 znode 节点设置认证方式和权限，分别如下。

（1）创建节点时就设置认证方式与权限。

①addauth scheme auth 结合 create［-s］［-e］［-c］［-t ttl］path［data］［acl］。

②单独使用 create［-s］［-e］［-c］［-t ttl］path［data］［acl］。

（2）创建节点后再设置认证方式与权限。

①addauth scheme auth 结合 setAcl［-s］［-v version］［-R］path acl。

②单独使用 setAcl［-s］［-v version］［-R］path acl。

4.6.1　方式 1：addauth 结合 create

在终端 1 窗口中输入如下命令。

```
[zk: 127.0.0.1:2181(CONNECTED) 5] ls /
[zookeeper]
[zk: 127.0.0.1:2181(CONNECTED) 6]
```

目的是查看一下 / 根节点有哪些子节点。

然后输入命令 addauth digest ghy:123，添加的新账号是 ghy，密码是 123。

```
[zk: 127.0.0.1:2181(CONNECTED) 6] addauth digest ghy:123
[zk: 127.0.0.1:2181(CONNECTED) 7]
```

然后执行 create 命令时对 acl 传入参数值 auth::cdra。auth 代表使用当前认证的账号 ghy 和密码 123 对节点 /a 设置账号和密码。如果 acl 中的 scheme 使用 auth，则 expression 可以不写，perms 是设置的权限，值为 cdra，可以对节点进行 c 创建、d 删除、r 读取和 a 管理权限，没有 w 写权限。

```
[zk: 127.0.0.1:2181(CONNECTED) 7] create /a avalue auth::cdra
Created /a
[zk: 127.0.0.1:2181(CONNECTED) 8] getAcl /a
'digest,'ghy:CTaJQq/QT/arEtaXAKVlAA7EL2M=
: cdra
[zk: 127.0.0.1:2181(CONNECTED) 9]
```

65

字符"CTaJQq/QT/arEtaXAKVlAA7EL2M="就是账号ghy和密码123的哈希码。

成功创建/a节点,然后取得/a节点对应的值。

```
[zk: 127.0.0.1:2181(CONNECTED) 9] get /a
avalue
[zk: 127.0.0.1:2181(CONNECTED) 10]
```

在终端2窗口中连接ZooKeeper服务器,并输入ls /命令成功查看到/a节点。

```
[zk: 127.0.0.1:2181(CONNECTED) 0] ls /
[a, zookeeper]
[zk: 127.0.0.1:2181(CONNECTED) 1]
```

当取得/a节点对应的值时,却出现了异常,提示没有通过账号和密码认证。

```
[zk: 127.0.0.1:2181(CONNECTED) 1] get /a
org.apache.zookeeper.KeeperException$NoAuthException: KeeperErrorCode =
NoAuth for /a
[zk: 127.0.0.1:2181(CONNECTED) 2]
```

使用命令addauth digest ghy:123成功登录后可以看到/a节点的值。

```
[zk: 127.0.0.1:2181(CONNECTED) 4] addauth digest ghy:123
[zk: 127.0.0.1:2181(CONNECTED) 5] get /a
avalue
[zk: 127.0.0.1:2181(CONNECTED) 6]
```

使用账号ghy和密码123成功登录后对节点/a拥有cdra权限,但却没有w写权限,验证效果如下。

```
[zk: 127.0.0.1:2181(CONNECTED) 6] set /a avaluenew
Insufficient permission : /a
[zk: 127.0.0.1:2181(CONNECTED) 7]
```

虽然在终端2窗口中使用账号ghy和密码123已经通过认证,但账号ghy对/a节点没有w写权限。同样在终端1窗口中的账号ghy也没有w写权限,测试如下。

```
[zk: 127.0.0.1:2181(CONNECTED) 10] set /a avaluenew
Insufficient permission : /a
[zk: 127.0.0.1:2181(CONNECTED) 11]
```

如下代码演示如何对节点设置权限。

```java
public class ACLTest_1 {
    public static void main(String[] args) throws Exception {

        List<AuthInfo> list = new ArrayList<>();
        list.add(new AuthInfo("digest", "ghy:123".getBytes()));
```

```
        list.add(new AuthInfo("digest", "ghy:456".getBytes()));

        String connectionString = F.IP_1 + ":" + F.PORT_1;
        RetryPolicy retryPolicy = new ExponentialBackoffRetry(1000, 3);
        CuratorFramework curator = CuratorFrameworkFactory.builder().
connectString(connectionString)
                .retryPolicy(retryPolicy).authorization(list).build();
        curator.start();

        if (curator.checkExists().forPath("/a") != null) {
            curator.delete().deletingChildrenIfNeeded().forPath("/a");
        }

        List aclList = Collections.singletonList(new ACL(ZooDefs.Perms.
CREATE | ZooDefs.Perms.DELETE | ZooDefs.Perms.READ | ZooDefs.Perms.ADMIN,
ZooDefs.Ids.AUTH_IDS));
        curator.create().withACL(aclList).forPath("/a", "avalue".
getBytes());

        List<ACL> getACLList = curator.getACL().forPath("/a");
        for (int i = 0; i < getACLList.size(); i++) {
            ACL eachACL = getACLList.get(i);
            System.out.println("getScheme=" + eachACL.getId().
getScheme());
            System.out.println("getId=" + eachACL.getId().getId());
            System.out.println("getPerms=" + eachACL.getPerms());
            System.out.println("toString=" + eachACL.toString());
        }
        System.out.println(new String(curator.getData().forPath("/a")));

        curator.close();
    }
}
```

程序运行结果如下。

```
getScheme=digest
getId=ghy:954VKLSppXsujvgH6kyo+0mmXDE=
getPerms=29
toString=29,s{'digest,'ghy:954VKLSppXsujvgH6kyo+0mmXDE=}

getScheme=digest
getId=ghy:CTaJQq/QT/arEtaXAKVlAA7EL2M=
```

```
getPerms=29
toString=29,s{'digest,'ghy:CTaJQq/QT/arEtaXAKVlAA7EL2M=}

avalue
```

下面代码演示没有通过认证时是没有权限进行读操作的。

```java
public class ACLTest_2 {
    public static void main(String[] args) throws Exception {
        String connectionString = F.IP_1 + ":" + F.PORT_1;
        RetryPolicy retryPolicy = new ExponentialBackoffRetry(1000, 3);

        CuratorFramework client = CuratorFrameworkFactory.
newClient(connectionString, retryPolicy);
        client.start();

        System.out.println(new String(client.getData().forPath("/a")));

        client.close();
    }
}
```

程序运行结果如下。

```
Exception in thread "main" org.apache.zookeeper.KeeperException$NoAuthExc
eption: KeeperErrorCode = NoAuth for /a
```

下面代码演示通过认证时具有读权限，但没有写权限。

```java
public class ACLTest_3 {
    public static void main(String[] args) throws Exception {
        List<AuthInfo> list = new ArrayList<>();
        list.add(new AuthInfo("digest", "ghy:123".getBytes()));
        list.add(new AuthInfo("digest", "ghy:456".getBytes()));

        String connectionString = F.IP_1 + ":" + F.PORT_1;
        RetryPolicy retryPolicy = new ExponentialBackoffRetry(1000, 3);
        CuratorFramework curator = CuratorFrameworkFactory.builder().
connectString(connectionString)
                .retryPolicy(retryPolicy).authorization(list).build();
        curator.start();

        System.out.println(new String(curator.getData().forPath("/a")));
        curator.setData().forPath("/a", "newa".getBytes());
```

```
        curator.close();
    }
}
```

程序运行结果如下。

```
avalue
Exception in thread "main" org.apache.zookeeper.KeeperException$NoAuthExc
eption: KeeperErrorCode = NoAuth for /a
```

4.6.2　测试创建的节点所属多个账号的效果

当多次执行 addauth 命令添加不同的账号和密码后，如果执行 create 命令结合 auth::perms 时，则节点会归属所有经过 addauth 认证的用户，这些用户对该节点的权限是一样的。

终端 1 窗口命令如下。

```
[zk: 127.0.0.1:2181(CONNECTED) 2] close
[zk: 127.0.0.1:2181(CLOSED) 3] connect 127.0.0.1:2181
[zk: 127.0.0.1:2181(CONNECTED) 4] addauth digest ghy1:123
[zk: 127.0.0.1:2181(CONNECTED) 5] addauth digest ghy2:456
[zk: 127.0.0.1:2181(CONNECTED) 6] addauth digest ghy3:789
[zk: 127.0.0.1:2181(CONNECTED) 7] create /a avalue auth::cdra
Created /a
[zk: 127.0.0.1:2181(CONNECTED) 8] get /a
avalue
[zk: 127.0.0.1:2181(CONNECTED) 9] getAcl /a
'digest,'ghy1:lVGaMMk7oE45mp76LGmq49UEMfM=
: cdra
'digest,'ghy2:PZaqQzZtpmP+BjqldhEvN51GXVU=
: cdra
'digest,'ghy3:sHKn54Lw2TYhoDe5/W5UwwJO6Wk=
: cdra
[zk: 127.0.0.1:2181(CONNECTED) 10]
```

4.6.3　方式 2：单独使用 create

单独使用 create [-s] [-e] [-c] [-t ttl] path [data] [acl] 命令也可以在节点添加 acl。
单独使用时需要在 acl 中显式添加账号和密码，但密码是密文，不像 addauth 命令那样是明文。
生成密码密文的算法如下。

```
base64(sha("username:password"))
```

添加pom.xml依赖配置的代码如下。

```
<dependency>
    <groupId>commons-codec</groupId>
    <artifactId>commons-codec</artifactId>
    <version>1.6</version>
</dependency>
```

生成密码密文的Java代码如下。

```
public class Test2 {
    public static void main(String[] args) throws
UnsupportedEncodingException {
        String encodedText = Base64.encodeBase64String(DigestUtils.
sha("ghy:111"));
        System.out.println(new String(encodedText));
    }
}
```

程序运行后输出结果：

```
gvaKL2I1Q2BT4ZoP+GjzYh/WHCo=
```

输出的字符串就是acl中的密码，上面通过Java代码生成的字符串与在终端中生成的字符串一样，测试案例如下。

```
[zk: 127.0.0.1:2181(CONNECTED) 0] ls /
[zookeeper]
[zk: 127.0.0.1:2181(CONNECTED) 1] addauth digest ghy:111
[zk: 127.0.0.1:2181(CONNECTED) 2] create /a avalue auth::cdraw
Created /a
[zk: 127.0.0.1:2181(CONNECTED) 3] getAcl /a
'digest,'ghy:gvaKL2I1Q2BT4ZoP+GjzYh/WHCo=
: cdrwa
[zk: 127.0.0.1:2181(CONNECTED) 4]
```

在终端1窗口中输入如下命令。

```
[zk: 127.0.0.1:2181(CONNECTED) 0] ls /
[zookeeper]
[zk: 127.0.0.1:2181(CONNECTED) 1] create /a a digest:ghy:gvaKL2I1Q2BT4ZoP
+GjzYh/WHCo=:cdra
Created /a
[zk: 127.0.0.1:2181(CONNECTED) 2] get /a
org.apache.zookeeper.KeeperException$NoAuthException: KeeperErrorCode =
NoAuth for /a
```

```
[zk: 127.0.0.1:2181(CONNECTED) 3] addauth digest ghy:111
[zk: 127.0.0.1:2181(CONNECTED) 4] get /a
a
[zk: 127.0.0.1:2181(CONNECTED) 5] set /a anew
Insufficient permission : /a
[zk: 127.0.0.1:2181(CONNECTED) 6]
```

在终端 2 窗口中输入如下命令。

```
[zk: 127.0.0.1:2181(CONNECTED) 0] ls /
[a, zookeeper]
[zk: 127.0.0.1:2181(CONNECTED) 1] get /a
org.apache.zookeeper.KeeperException$NoAuthException: KeeperErrorCode =
NoAuth for /a
[zk: 127.0.0.1:2181(CONNECTED) 2] addauth digest ghy:111
[zk: 127.0.0.1:2181(CONNECTED) 3] get /a
a
[zk: 127.0.0.1:2181(CONNECTED) 4] getAcl /a
'digest,'ghy:gvaKL2I1Q2BT4ZoP+GjzYh/WHCo=
: cdra
[zk: 127.0.0.1:2181(CONNECTED) 5] set /a anew
Insufficient permission : /a
[zk: 127.0.0.1:2181(CONNECTED) 6]
```

只有使用 addauth 命令认证通过，才可以看到 /a 节点的值。

创建节点时应用 ACL 的 Java 代码如下。

```
public class ACLTest_4 {
    public static void main(String[] args) throws Exception {
        String connectionString = F.IP_1 + ":" + F.PORT_1;
        RetryPolicy retryPolicy = new ExponentialBackoffRetry(1000, 3);
        CuratorFramework client = CuratorFrameworkFactory.
newClient(connectionString, retryPolicy);
        client.start();

        ACL acl = new ACL(31, new Id("digest",
"ghy:gvaKL2I1Q2BT4ZoP+GjzYh/WHCo="));
        List<ACL> list = new ArrayList<>();
        list.add(acl);

        client.create().withACL(list).forPath("/d", "dvalue".getBytes());

        client.close();
    }
}
```

4.6.4 方式3：addauth 结合 setAcl

如果在创建节点时并没有显式地指定acl，可以使用如下命令进行更改。

```
setAcl [-s] [-v version] [-R] path acl
```

在终端1窗口中输入如下命令。

```
[zk: 127.0.0.1:2181(CONNECTED) 0] ls /
[zookeeper]
[zk: 127.0.0.1:2181(CONNECTED) 1] create /a avalue
Created /a
[zk: 127.0.0.1:2181(CONNECTED) 2] getAcl /a
'world,'anyone
: cdrwa
[zk: 127.0.0.1:2181(CONNECTED) 3] addauth digest ghy:111
[zk: 127.0.0.1:2181(CONNECTED) 4] setAcl /a auth::cdra
[zk: 127.0.0.1:2181(CONNECTED) 5] getAcl /a
'digest,'ghy:gvaKL2I1Q2BT4ZoP+GjzYh/WHCo=
: cdra
[zk: 127.0.0.1:2181(CONNECTED) 6] set /a avaluenew
Insufficient permission : /a
[zk: 127.0.0.1:2181(CONNECTED) 7]
```

在终端2窗口中输入如下命令。

```
[zk: 127.0.0.1:2181(CONNECTED) 0] ls /
[a, zookeeper]
[zk: 127.0.0.1:2181(CONNECTED) 1] get /a
org.apache.zookeeper.KeeperException$NoAuthException: KeeperErrorCode =
NoAuth for /a
[zk: 127.0.0.1:2181(CONNECTED) 2] addauth digest ghy:111
[zk: 127.0.0.1:2181(CONNECTED) 3] get /a
avalue
[zk: 127.0.0.1:2181(CONNECTED) 4] getAcl /a
'digest,'ghy:gvaKL2I1Q2BT4ZoP+GjzYh/WHCo=
: cdra
[zk: 127.0.0.1:2181(CONNECTED) 5] set /a avaluenew
Insufficient permission : /a
[zk: 127.0.0.1:2181(CONNECTED) 6]
```

首先创建节点，然后再对节点设置ACL，Java代码如下。

```
public class ACLTest_5 {
    public static void main(String[] args) throws Exception {
```

```
        String connectionString = F.IP_1 + ":" + F.PORT_1;
        RetryPolicy retryPolicy = new ExponentialBackoffRetry(1000, 3);
        {
            CuratorFramework client = CuratorFrameworkFactory.
newClient(connectionString, retryPolicy);
            client.start();

            client.create().forPath("/g", "gvalue".getBytes());

            client.close();
        }


        {
            List<AuthInfo> list = new ArrayList<>();
            list.add(new AuthInfo("digest", "ghy:123".getBytes()));

            CuratorFramework curator = CuratorFrameworkFactory.builder().
connectString(connectionString)
                    .retryPolicy(retryPolicy).authorization(list).
build();
            curator.start();

            ACL acl = new ACL(31, new Id("auth", ""));
            List<ACL> aclList = new ArrayList<>();
            aclList.add(acl);
            curator.setACL().withACL(aclList).forPath("/g");

            curator.close();
        }
    }
}
```

4.6.5　方式 4：单独使用 setAcl

在终端 1 窗口中输入如下命令。

```
[zk: 127.0.0.1:2181(CONNECTED) 2] ls /
[zookeeper]
[zk: 127.0.0.1:2181(CONNECTED) 3] create /a avalue
Created /a
[zk: 127.0.0.1:2181(CONNECTED) 4] get /a
avalue
```

```
[zk: 127.0.0.1:2181(CONNECTED) 5] getAcl /a
'world,'anyone
: cdrwa
[zk: 127.0.0.1:2181(CONNECTED) 6] setAcl /a digest:ghy:gvaKL2I1Q2BT4ZoP+G
jzYh/WHCo=:cdra
[zk: 127.0.0.1:2181(CONNECTED) 7] getAcl /a
Authentication is not valid : /a
[zk: 127.0.0.1:2181(CONNECTED) 8] addauth digest ghy:111
[zk: 127.0.0.1:2181(CONNECTED) 9] getAcl /a
'digest,'ghy:gvaKL2I1Q2BT4ZoP+GjzYh/WHCo=
: cdra
[zk: 127.0.0.1:2181(CONNECTED) 10] set /a avaluenew
Insufficient permission : /a
[zk: 127.0.0.1:2181(CONNECTED) 11]
```

在终端 2 窗口中输入如下命令。

```
[zk: 127.0.0.1:2181(CONNECTED) 0] ls /
[a, zookeeper]
[zk: 127.0.0.1:2181(CONNECTED) 1] get /a
org.apache.zookeeper.KeeperException$NoAuthException: KeeperErrorCode =
NoAuth for /a
[zk: 127.0.0.1:2181(CONNECTED) 2] addauth digest ghy:111
[zk: 127.0.0.1:2181(CONNECTED) 3] get /a
avalue
[zk: 127.0.0.1:2181(CONNECTED) 4] getAcl /a
'digest,'ghy:gvaKL2I1Q2BT4ZoP+GjzYh/WHCo=
: cdra
[zk: 127.0.0.1:2181(CONNECTED) 5] set /a avaluenew
Insufficient permission : /a
[zk: 127.0.0.1:2181(CONNECTED) 6]
```

在 setAcl 中直接设置账号和密码，Java 示例代码如下。

```java
public class ACLTest_6 {
    public static void main(String[] args) throws Exception {
        String connectionString = F.IP_1 + ":" + F.PORT_1;
        RetryPolicy retryPolicy = new ExponentialBackoffRetry(1000, 3);
        {
            CuratorFramework client = CuratorFrameworkFactory.
newClient(connectionString, retryPolicy);
            client.start();

            client.create().forPath("/i", "ivalue".getBytes());
```

```
            client.close();
        }


        {

        List<AuthInfo> list = new ArrayList<>();
        list.add(new AuthInfo("digest", "ghy:123".getBytes()));

        CuratorFramework curator = CuratorFrameworkFactory.builder().
connectString(connectionString)
                .retryPolicy(retryPolicy).authorization(list).
build();
        curator.start();

        ACL acl = new ACL(31, new Id("digest",
"ghy:gvaKL2I1Q2BT4ZoP+GjzYh/WHCo="));
        List<ACL> aclList = new ArrayList<>();
        aclList.add(acl);

        curator.setACL().withACL(aclList).forPath("/i");

        curator.close();
        }
    }
}
```

4.6.6　命令 setAcl −R 参数的使用

参数-R可以对当前节点及子节点和子孙节点设置相同的ACL，也就是递归设置权限，默认情况下只对当前节点设置ACL，不包含子节点及子孙节点。测试命令如下。

```
[zk: 127.0.0.1:2181(CONNECTED) 1] create /aa
Created /aa
[zk: 127.0.0.1:2181(CONNECTED) 2] create /aa/bb
Created /aa/bb
[zk: 127.0.0.1:2181(CONNECTED) 3] create /aa/bb/cc
Created /aa/bb/cc
[zk: 127.0.0.1:2181(CONNECTED) 4] getAcl /aa
'world,'anyone
: cdrwa
[zk: 127.0.0.1:2181(CONNECTED) 5] getAcl /aa/bb
'world,'anyone
```

```
: cdrwa
[zk: 127.0.0.1:2181(CONNECTED) 6] getAcl /aa/bb/cc
'world,'anyone
: cdrwa
[zk: 127.0.0.1:2181(CONNECTED) 7] addauth digest ghy:123
[zk: 127.0.0.1:2181(CONNECTED) 10] setAcl /aa auth::cdra
[zk: 127.0.0.1:2181(CONNECTED) 11] getAcl /aa
'digest,'ghy:CTaJQq/QT/arEtaXAKVlAA7EL2M=
: cdra
[zk: 127.0.0.1:2181(CONNECTED) 12] getAcl /aa/bb
'world,'anyone
: cdrwa
[zk: 127.0.0.1:2181(CONNECTED) 13] getAcl /aa/bb/cc
'world,'anyone
: cdrwa
[zk: 127.0.0.1:2181(CONNECTED) 14]
```

只对/aa设置了权限，节点/aa/bb和/aa/bb/cc都是默认的权限。

测试使用-R，命令如下。

```
[zk: 127.0.0.1:2181(CONNECTED) 16] create /aa
Created /aa
[zk: 127.0.0.1:2181(CONNECTED) 17] create /aa/bb
Created /aa/bb
[zk: 127.0.0.1:2181(CONNECTED) 18] create /aa/bb/cc
Created /aa/bb/cc
[zk: 127.0.0.1:2181(CONNECTED) 19] getAcl /aa
'world,'anyone
: cdrwa
[zk: 127.0.0.1:2181(CONNECTED) 20] getAcl /aa/bb
'world,'anyone
: cdrwa
[zk: 127.0.0.1:2181(CONNECTED) 21] getAcl /aa/bb/cc
'world,'anyone
: cdrwa
[zk: 127.0.0.1:2181(CONNECTED) 22] addauth digest ghy:123
[zk: 127.0.0.1:2181(CONNECTED) 24] setAcl /aa auth::cdra -R
[zk: 127.0.0.1:2181(CONNECTED) 25] getAcl /aa
'digest,'ghy:CTaJQq/QT/arEtaXAKVlAA7EL2M=
: cdra
[zk: 127.0.0.1:2181(CONNECTED) 26] getAcl /aa/bb
'digest,'ghy:CTaJQq/QT/arEtaXAKVlAA7EL2M=
: cdra
```

```
[zk: 127.0.0.1:2181(CONNECTED) 27] getAcl /aa/bb/cc
'digest,'ghy:CTaJQq/QT/arEtaXAKVlAA7EL2M=
: cdra
[zk: 127.0.0.1:2181(CONNECTED) 28]
```

当前节点及所有子节点及子孙节点的权限是一样的。

目前（2022 年 9 月）最新版本的 Curator 并未实现 -R 递归处理的参数。

4.7　命令 quit 的使用

命令：

```
quit
```

其作用是退出 zkCli 客户端。

```
[zk: 127.0.0.1:2181(CONNECTED) 0] quit
[ghy@localhost bin]$
```

想要重新连接 ZooKeeper Server 时，在终端中使用如下命令。

```
sh zkCli.sh -server 127.0.0.1:2181
```

4.8　配额的使用

使用配额可以对 znode 节点设置最多可以保存多少个子节点，以及节点最多存储多少字节的数据。

ZooKeeper 对配额的超出有两种处理策略。

（1）soft：不出现异常，但出现警告信息，操作正常。

（2）hard：出现异常，操作取消。

更改 zoo.cfg 配置文件，添加如下配置。

```
enforceQuota=true
```

此配置的作用是若节点保存数据的总字节数或节点的子节点数超出配置，则服务器将会拒绝请求，并且客户端收到 QuotaExceededException 异常。

4.8.1　命令 listquota path 的使用

命令：

```
listquota path
```

其作用是获取path路径的配额信息。

案例如下。

```
[zk: localhost:2181(CONNECTED) 23] create /aa
Created /aa
[zk: localhost:2181(CONNECTED) 24] listquota /aa
absolute path is /zookeeper/quota/aa/zookeeper_limits
quota for /aa does not exist.
[zk: localhost:2181(CONNECTED) 25]
```

在默认情况下，节点没有配额信息，所以输出如下结果。

```
quota for /aa does not exist.
```

4.8.2　命令 setquota -n|-b|-N|-B val path 的介绍

命令：

```
setquota -n|-b|-N|-B val path
```

其作用是设置节点的配额。

参数-n：设置节点数配额，需要注意的是它本身还占用一个节点数，超出配额出现警告，不出现异常。

参数-b：设置存储数据量配额，超出配额出现警告，不出现异常。

参数-N：设置节点数配额，需要注意的是它本身还占用一个节点数，超出配额直接出现异常，不会添加新的子节点。

参数-B：设置存储数据量配额，超出配额直接出现异常，节点值不变。

4.8.3　命令 setquota -n|-b|-N|-B val path 中 -b 参数的使用

在终端1窗口中输入如下命令测试-b软配额。

```
[zk: localhost:2181(CONNECTED) 0] ls /
[zookeeper]
[zk: localhost:2181(CONNECTED) 1] create /a avalue
Created /a
[zk: localhost:2181(CONNECTED) 2] listquota /a
```

```
absolute path is /zookeeper/quota/a/zookeeper_limits
quota for /a does not exist.
[zk: localhost:2181(CONNECTED) 3] setquota -b 10 /a
[zk: localhost:2181(CONNECTED) 4] listquota /a
absolute path is /zookeeper/quota/a/zookeeper_limits
Output quota for /a count=-1,bytes=10=;byteHardLimit=-1;countHardLimit=-1
Output stat for /a count=1,bytes=6
[zk: localhost:2181(CONNECTED) 5] set /a 1234567890ABCDE
[zk: localhost:2181(CONNECTED) 6] listquota /a
absolute path is /zookeeper/quota/a/zookeeper_limits
Output quota for /a count=-1,bytes=10=;byteHardLimit=-1;countHardLimit=-1
Output stat for /a count=1,bytes=15
[zk: localhost:2181(CONNECTED) 7]
```

第 1 次执行 listquota /a 命令输出如下。

```
[zk: localhost:2181(CONNECTED) 2] listquota /a
absolute path is /zookeeper/quota/a/zookeeper_limits
quota for /a does not exist.
```

说明 /a 节点并没有分配配额。

第 2 次执行 listquota /a 命令输出如下。

```
[zk: localhost:2181(CONNECTED) 4] listquota /a
absolute path is /zookeeper/quota/a/zookeeper_limits
Output quota for /a count=-1,bytes=10=;byteHardLimit=-1;countHardLimit=-1
Output stat for /a count=1,bytes=6
```

输出信息：

```
Output quota for /a count=-1,bytes=10=;byteHardLimit=-1;countHardLimit=-1
```

其中 count=-1 代表 /a 节点对节点数的配额无限制，bytes=10 代表对 /a 节点存储的配额数据量最多为 10 个字节。

输出信息：

```
Output stat for /a count=1,bytes=6
```

其中 count=1 代表节点个数，bytes=6 代表 /a 节点当前存储的数据量为 6 个字节。

第 3 次执行 listquota /a 命令输出如下。

```
[zk: localhost:2181(CONNECTED) 6] listquota /a
absolute path is /zookeeper/quota/a/zookeeper_limits
Output quota for /a count=-1,bytes=10=;byteHardLimit=-1;countHardLimit=-1
Output stat for /a count=1,bytes=15
```

输出信息：

```
Output quota for /a count=-1,bytes=10=;byteHardLimit=-1;countHardLimit=-1
```

其中count=-1代表/a节点对节点数的配额无限制，bytes=10代表对/a节点存储的配额数据量最多为10字节。

输出信息：

```
Output stat for /a count=1,bytes=15
```

其中count=1代表节点个数，bytes=15代表/a节点当前存储的数据量为15个字节。

服务端出现警告日志：

```
WARN  [ProcessThread(sid:0 cport:2181)::RateLogger@86] - Message:Quota
exceeded: /a [current bytes=15, softByteLimit=10] Value:null
```

4.8.4　命令 setquota -n|-b|-N|-B val path 中 -B 参数的使用

在终端1窗口中输入如下命令测试-B硬配额。

```
[zk: localhost:2181(CONNECTED) 0] ls /
[zookeeper]
[zk: localhost:2181(CONNECTED) 1] create /a avalue
Created /a
[zk: localhost:2181(CONNECTED) 2] listquota /a
absolute path is /zookeeper/quota/a/zookeeper_limits
quota for /a does not exist.
[zk: localhost:2181(CONNECTED) 3] setquota -B 10 /a
[zk: localhost:2181(CONNECTED) 4] listquota /a
absolute path is /zookeeper/quota/a/zookeeper_limits
Output quota for /a count=-1,bytes=-1=;byteHardLimit=10;countHardLimit=-1
Output stat for /a count=1,bytes=6
[zk: localhost:2181(CONNECTED) 5] set /a 1234567890ABCDE
Quota has exceeded : /a
[zk: localhost:2181(CONNECTED) 6] listquota /a
absolute path is /zookeeper/quota/a/zookeeper_limits
Output quota for /a count=-1,bytes=-1=;byteHardLimit=10;countHardLimit=-1
Output stat for /a count=1,bytes=6
[zk: localhost:2181(CONNECTED) 7] get /a
avalue
[zk: localhost:2181(CONNECTED) 8]
```

4.8.5　命令 setquota –n|–b|–N|–B val path 中 –n 参数的使用

案例如下。

```
[zk: localhost:2181(CONNECTED) 9] create /f
Created /f
[zk: localhost:2181(CONNECTED) 10] listquota /f
absolute path is /zookeeper/quota/f/zookeeper_limits
quota for /f does not exist.
[zk: localhost:2181(CONNECTED) 11] setquota -n 3 /f
[zk: localhost:2181(CONNECTED) 12] listquota /f
absolute path is /zookeeper/quota/f/zookeeper_limits
Output quota for /f count=3,bytes=-1=;byteHardLimit=-1;countHardLimit=-1
Output stat for /f count=1,bytes=0
[zk: localhost:2181(CONNECTED) 13] create /f/f1
Created /f/f1
[zk: localhost:2181(CONNECTED) 14] create /f/f2
Created /f/f2
[zk: localhost:2181(CONNECTED) 15] create /f/f3
Created /f/f3
[zk: localhost:2181(CONNECTED) 16] listquota /f
absolute path is /zookeeper/quota/f/zookeeper_limits
Output quota for /f count=3,bytes=-1=;byteHardLimit=-1;countHardLimit=-1
Output stat for /f count=4,bytes=0
[zk: localhost:2181(CONNECTED) 17]
```

服务端出现警告日志：

```
WARN  [ProcessThread(sid:0 cport:2181)::RateLogger@86] - Message:Quota
exceeded: /f [current count=4, softCountLimit=3] Value:null
```

4.8.6　命令 setquota –n|–b|–N|–B val path 中 –N 参数的使用

案例如下。

```
[zk: localhost:2181(CONNECTED) 0] create /g
Created /g
[zk: localhost:2181(CONNECTED) 1] listquota /g
absolute path is /zookeeper/quota/g/zookeeper_limits
quota for /g does not exist.
[zk: localhost:2181(CONNECTED) 3] setquota -N 3 /g
[zk: localhost:2181(CONNECTED) 4] listquota /g
absolute path is /zookeeper/quota/g/zookeeper_limits
```

```
Output quota for /g count=-1,bytes=-1=;byteHardLimit=-1;countHardLimit=3
Output stat for /g count=1,bytes=0
[zk: localhost:2181(CONNECTED) 5] create /g/g1
Created /g/g1
[zk: localhost:2181(CONNECTED) 6] create /g/g2
Created /g/g2
[zk: localhost:2181(CONNECTED) 7] create /g/g3
Quota has exceeded : /g/g3
[zk: localhost:2181(CONNECTED) 8] listquota /g
absolute path is /zookeeper/quota/g/zookeeper_limits
Output quota for /g count=-1,bytes=-1=;byteHardLimit=-1;countHardLimit=3
Output stat for /g count=3,bytes=0
[zk: localhost:2181(CONNECTED) 10] ls -R /g
/g
/g/g1
/g/g2
[zk: localhost:2181(CONNECTED) 11]
```

4.8.7 命令 delquota [-n|-b|-N|-B] path 的使用

参数-n的示例如下。

```
[zk: localhost:2181(CONNECTED) 25] create /a1
Created /a1
[zk: localhost:2181(CONNECTED) 26] setquota -n 3 /a1
[zk: localhost:2181(CONNECTED) 27] listquota /a1
absolute path is /zookeeper/quota/a1/zookeeper_limits
Output quota for /a1 count=3,bytes=-1=;byteHardLimit=-1;countHardLimit=-1
Output stat for /a1 count=1,bytes=0
[zk: localhost:2181(CONNECTED) 28] delquota -n /a1
[zk: localhost:2181(CONNECTED) 29] listquota /a1
absolute path is /zookeeper/quota/a1/zookeeper_limits
Output quota for /a1 count=-1,bytes=-1=;byteHardLimit=-1;countHardLimit=-1
Output stat for /a1 count=1,bytes=0
[zk: localhost:2181(CONNECTED) 30]
```

参数-N的示例如下。

```
[zk: localhost:2181(CONNECTED) 30] create /a2
Created /a2
[zk: localhost:2181(CONNECTED) 31] setquota -N 3 /a2
[zk: localhost:2181(CONNECTED) 32] listquota /a2
absolute path is /zookeeper/quota/a2/zookeeper_limits
```

```
Output quota for /a2 count=-1,bytes=-1=;byteHardLimit=-1;countHardLimit=3
Output stat for /a2 count=1,bytes=0
[zk: localhost:2181(CONNECTED) 33] delquota -N /a2
[zk: localhost:2181(CONNECTED) 34] listquota /a2
absolute path is /zookeeper/quota/a2/zookeeper_limits
Output quota for /a2 count=-1,bytes=-1=;byteHardLimit=-1;countHardLimit=-1
Output stat for /a2 count=1,bytes=0
[zk: localhost:2181(CONNECTED) 35]
```

参数 -b 的示例如下。

```
[zk: localhost:2181(CONNECTED) 35] create /a3
Created /a3
[zk: localhost:2181(CONNECTED) 36] setquota -b 3 /a3
[zk: localhost:2181(CONNECTED) 37] listquota /a3
absolute path is /zookeeper/quota/a3/zookeeper_limits
Output quota for /a3 count=-1,bytes=3=;byteHardLimit=-1;countHardLimit=-1
Output stat for /a3 count=1,bytes=0
[zk: localhost:2181(CONNECTED) 38] delquota -b /a3
[zk: localhost:2181(CONNECTED) 39] listquota /a3
absolute path is /zookeeper/quota/a3/zookeeper_limits
Output quota for /a3 count=-1,bytes=-1=;byteHardLimit=-1;countHardLimit=-1
Output stat for /a3 count=1,bytes=0
[zk: localhost:2181(CONNECTED) 40]
```

参数 -B 的示例如下。

```
[zk: localhost:2181(CONNECTED) 40] create /a4
Created /a4
[zk: localhost:2181(CONNECTED) 41] setquota -B 3 /a4
[zk: localhost:2181(CONNECTED) 42] listquota /a4
absolute path is /zookeeper/quota/a4/zookeeper_limits
Output quota for /a4 count=-1,bytes=-1=;byteHardLimit=3;countHardLimit=-1
Output stat for /a4 count=1,bytes=0
[zk: localhost:2181(CONNECTED) 43] delquota -B /a4
[zk: localhost:2181(CONNECTED) 44] listquota /a4
absolute path is /zookeeper/quota/a4/zookeeper_limits
Output quota for /a4 count=-1,bytes=-1=;byteHardLimit=-1;countHardLimit=-1
Output stat for /a4 count=1,bytes=0
[zk: localhost:2181(CONNECTED) 45]
```

4.9 命令 history 的使用

命令:

```
history
```

其作用是显示历史命令列表。

案例如下。

```
[zk: 127.0.0.1:2181(CONNECTED) 0] ls /
[1, 10, 11, 12, 13, 14, 2, 3, 4, 5, 6, 7, 8, 9, a, b, c, d, e, f, g,
zookeeper]
[zk: 127.0.0.1:2181(CONNECTED) 1] create /a1
Created /a1
[zk: 127.0.0.1:2181(CONNECTED) 2] create /a2
Created /a2
[zk: 127.0.0.1:2181(CONNECTED) 3] get /a1
null
[zk: 127.0.0.1:2181(CONNECTED) 4] get /a2
null
[zk: 127.0.0.1:2181(CONNECTED) 5] history
0 - ls /
1 - create /a1
2 - create /a2
3 - get /a1
4 - get /a2
5 - history
[zk: 127.0.0.1:2181(CONNECTED) 6]
```

4.10 命令 redo cmdno 的使用

命令:

```
redo cmdno
```

其作用是再次执行历史命令中索引是第cmdno个的命令。

案例如下。

```
[zk: 127.0.0.1:2181(CONNECTED) 0] ls /
[1, 10, 11, 12, 13, 14, 2, 3, 4, 5, 6, 7, 8, 9, a, a1, a2, b, b1, b2, c,
```

```
c1, c2, d, e, f, g, zookeeper]
[zk: 127.0.0.1:2181(CONNECTED) 1] create /d1 d1value
Created /d1
[zk: 127.0.0.1:2181(CONNECTED) 2] create /d2 d2value
Created /d2
[zk: 127.0.0.1:2181(CONNECTED) 3] get /d1
d1value
[zk: 127.0.0.1:2181(CONNECTED) 4] get /d2
d2value
[zk: 127.0.0.1:2181(CONNECTED) 5] history
0 - ls /
1 - create /d1 d1value
2 - create /d2 d2value
3 - get /d1
4 - get /d2
5 - history
[zk: 127.0.0.1:2181(CONNECTED) 6] redo 4
d2value
[zk: 127.0.0.1:2181(CONNECTED) 7]
```

4.11　命令 set [-s] [-v version] path data 的使用：根据 version 实现乐观锁

命令：

```
set [-s] [-v version] path data
```

其作用是对节点设置值，可以附加 version 版本号，实现乐观锁更新。

在终端 1 中执行如下命令。

```
[zk: 127.0.0.1:2181(CONNECTED) 4] create /a
Created /a
[zk: 127.0.0.1:2181(CONNECTED) 5] get -s /a
null
cZxid = 0x167
ctime = Sat Oct 12 11:30:38 CST 2019
mZxid = 0x167
mtime = Sat Oct 12 11:30:38 CST 2019
pZxid = 0x167
cversion = 0
```

```
dataVersion = 0
aclVersion = 0
ephemeralOwner = 0x0
dataLength = 0
numChildren = 0
[zk: 127.0.0.1:2181(CONNECTED) 6] set /a value1 -s -v 0
cZxid = 0x167
ctime = Sat Oct 12 11:30:38 CST 2019
mZxid = 0x168
mtime = Sat Oct 12 11:31:02 CST 2019
pZxid = 0x167
cversion = 0
dataVersion = 1
aclVersion = 0
ephemeralOwner = 0x0
dataLength = 6
numChildren = 0
[zk: 127.0.0.1:2181(CONNECTED) 7] get /a
value1
```

路径/a当前的dataVersion版本号值是1，所以如果想正确地使用set命令，再更改/a对应的value时，则需要使用version值为1，否则更新不成功。

在终端2中输入如下命令进行测试。

```
[zk: 127.0.0.1:2181(CONNECTED) 0] get /a
value1
[zk: 127.0.0.1:2181(CONNECTED) 1] set /a value2 -s -v 200
version No is not valid : /a
[zk: 127.0.0.1:2181(CONNECTED) 2] set /a value2 -s -v 1
cZxid = 0x167
ctime = Sat Oct 12 11:30:38 CST 2019
mZxid = 0x16c
mtime = Sat Oct 12 11:31:46 CST 2019
pZxid = 0x167
cversion = 0
dataVersion = 2
aclVersion = 0
ephemeralOwner = 0x0
dataLength = 6
numChildren = 0
[zk: 127.0.0.1:2181(CONNECTED) 3] get /a
value2
[zk: 127.0.0.1:2181(CONNECTED) 4]
```

输入正确的 version 后成功对 value 进行更改。

注意：如果执行 set 命令不加 -v 参数，也可以成功更新节点对应的值，但那样做就破坏了乐观锁的意图。

Java 代码如下。

```java
public class SET {
    public static void main(String[] args) throws Exception {
        String connectionString = F.IP_1 + ":" + F.PORT_1;
        RetryPolicy retryPolicy = new ExponentialBackoffRetry(1000, 3);
        CuratorFramework client = CuratorFrameworkFactory.
newClient(connectionString, retryPolicy);
        client.start();

        client.create().forPath("/a", "".getBytes());
        Stat stat = new Stat();
        client.getData().storingStatIn(stat).forPath("/a");//
storingStatIn(stat)    ====      -s 参数

        int dataVersion = stat.getVersion();
        client.setData().withVersion(dataVersion).forPath("/a", "avalue1".
getBytes(StandardCharsets.UTF_8));
        System.out.println(new String(client.getData().forPath("/a")));
        client.setData().withVersion(dataVersion + 1).forPath("/a",
"avalue2".getBytes(StandardCharsets.UTF_8));
        System.out.println(new String(client.getData().forPath("/a")));
        client.setData().withVersion(dataVersion + 100).forPath("/a",
"avalue3".getBytes(StandardCharsets.UTF_8));
        System.out.println(new String(client.getData().forPath("/a")));
        client.close();
    }
}
```

程序运行结果如下。

```
avalue1
avalue2
Exception in thread "main" org.apache.zookeeper.KeeperException$BadVersion
Exception: KeeperErrorCode = BadVersion for /a
```

4.12 命令 delete [-v version] path 的使用：根据 version 版本号删除

命令：

```
delete [-v version] path
```

其作用是删除指定 version 的 path 路径。

示例代码如下。

```
[zk: 127.0.0.1:2181(CONNECTED) 22] create /a
Created /a
[zk: 127.0.0.1:2181(CONNECTED) 23] get -s /a
null
cZxid = 0x175
ctime = Sat Oct 12 11:38:14 CST 2019
mZxid = 0x175
mtime = Sat Oct 12 11:38:14 CST 2019
pZxid = 0x175
cversion = 0
dataVersion = 0
aclVersion = 0
ephemeralOwner = 0x0
dataLength = 0
numChildren = 0
[zk: 127.0.0.1:2181(CONNECTED) 24] set /a value1 -s -v 0
cZxid = 0x175
ctime = Sat Oct 12 11:38:14 CST 2019
mZxid = 0x176
mtime = Sat Oct 12 11:38:32 CST 2019
pZxid = 0x175
cversion = 0
dataVersion = 1
aclVersion = 0
ephemeralOwner = 0x0
dataLength = 6
numChildren = 0
[zk: 127.0.0.1:2181(CONNECTED) 25] delete /a -v 888
version No is not valid : /a
[zk: 127.0.0.1:2181(CONNECTED) 26] delete /a -v 0
version No is not valid : /a
[zk: 127.0.0.1:2181(CONNECTED) 27] delete /a -v 1
```

```
[zk: 127.0.0.1:2181(CONNECTED) 28] get /a
org.apache.zookeeper.KeeperException$NoNodeException: KeeperErrorCode =
NoNode for /a
[zk: 127.0.0.1:2181(CONNECTED) 29]
```

Java代码如下。

```
public class DELETE {
    public static void main(String[] args) throws Exception {
        String connectionString = F.IP_1 + ":" + F.PORT_1;
        RetryPolicy retryPolicy = new ExponentialBackoffRetry(1000, 3);
        CuratorFramework client = CuratorFrameworkFactory.
newClient(connectionString, retryPolicy);
        client.start();

        System.out.println("A1=" + client.checkExists().forPath("/a"));
        client.create().forPath("/a", "".getBytes());
        System.out.println("A2=" + client.checkExists().forPath("/a"));
        client.delete().forPath("/a");
        System.out.println("A3=" + client.checkExists().forPath("/a"));

        Stat stat = new Stat();
        client.create().forPath("/a", "".getBytes());
        client.getData().storingStatIn(stat).forPath("/a");

        int dataVersion = stat.getVersion();
        client.setData().withVersion(dataVersion).forPath("/a", "avalue1".
getBytes(StandardCharsets.UTF_8));
        System.out.println("B1=" + new String(client.getData().forPath("/
a")));
        client.setData().withVersion(dataVersion + 1).forPath("/a",
"avalue2".getBytes(StandardCharsets.UTF_8));
        System.out.println("B2=" + new String(client.getData().forPath("/
a")));

        client.delete().withVersion(dataVersion + 2).forPath("/a");
        System.out.println("B3=" + client.checkExists().forPath("/a"));

        client.close();
    }
}
```

程序运行结果如下。

```
A1=null
A2=58,58,1630735002718,1630735002718,0,0,0,0,12,0,58

A3=null
B1=avalue1
B2=avalue2
B3=null
Exception in thread "main" org.apache.zookeeper.KeeperException$NotEmpty
Exception: KeeperErrorCode = Directory not empty for /b1
```

4.13 命令 get [-s] [-w] path 的使用：使用 watch 监控数据变化

命令：

```
get [-s] [-w] path
```

其用-w参数的作用是使用watch监听path节点对应的值是否更改。

如果不使用watch参数，则是查看path节点对应的值。

在终端1中输入如下命令。

```
[zk: 127.0.0.1:2181(CONNECTED) 1] create /a value1
Created /a
[zk: 127.0.0.1:2181(CONNECTED) 2] get -w /a
value1
[zk: 127.0.0.1:2181(CONNECTED) 3]
```

参数-w的作用是对路径/a设置监视。

当在终端2窗口中输入如下命令：

```
[zk: 127.0.0.1:2181(CONNECTED) 1] set /a value2
[zk: 127.0.0.1:2181(CONNECTED) 2]
```

则终端1窗口中接到/a对应value被修改的通知，信息如下。

```
WATCHER::

WatchedEvent state:SyncConnected type:NodeDataChanged path:/a
```

Java代码如下。

```java
public class MyCuratorWatcher1 implements CuratorWatcher {
    @Override
    public void process(WatchedEvent event) throws Exception {
        System.out.println(event.getPath());
        if (event.getType() == Watcher.Event.EventType.
PersistentWatchRemoved) {
            System.out.println("PersistentWatchRemoved");
        }
        if (event.getType() == Watcher.Event.EventType.ChildWatchRemoved)
{
            System.out.println("ChildWatchRemoved");
        }
        if (event.getType() == Watcher.Event.EventType.DataWatchRemoved) {
            System.out.println("DataWatchRemoved");
        }
        if (event.getType() == Watcher.Event.EventType.
NodeChildrenChanged) {
            System.out.println("NodeChildrenChanged");
        }
        if (event.getType() == Watcher.Event.EventType.NodeCreated) {
            System.out.println("NodeCreated");
        }
        if (event.getType() == Watcher.Event.EventType.NodeDataChanged) {
            System.out.println("NodeDataChanged");
        }
        if (event.getType() == Watcher.Event.EventType.NodeDeleted) {
            System.out.println("NodeDeleted");
        }
        if (event.getType() == Watcher.Event.EventType.None) {
            System.out.println("None");
        }
    }
}

public class Get_Watch {
    public static void main(String[] args) throws Exception {
        String connectionString = F.IP_1 + ":" + F.PORT_1;
        RetryPolicy retryPolicy = new ExponentialBackoffRetry(1000, 3);

        CuratorFramework client = CuratorFrameworkFactory.
newClient(connectionString, retryPolicy);
        client.start();
```

```
        client.create().forPath("/a", "".getBytes());
        client.getData().usingWatcher(new MyCuratorWatcher1()).forPath("/
a");

        client.setData().forPath("/a", "avalue".getBytes(StandardCharsets.
UTF_8));

        Thread.sleep(20000);

        client.close();
    }
}
```

程序运行结果如下。

```
/a
NodeDataChanged
```

4.14　命令 printwatches on|off 的使用

命令：

```
printwatches on|off
```

其作用是在获取节点数据、子节点列表等操作时，都可以添加watch参数监听节点的变化，当节点数据更改、子节点列表变更时收到通知，并输出到控制台。默认on为打开状态，可以设置off值将其关闭。

在终端1中输入如下命令。

```
[zk: 127.0.0.1:2181(CONNECTED) 1] create /a value1
Created /a
[zk: 127.0.0.1:2181(CONNECTED) 2] printwatches off
[zk: 127.0.0.1:2181(CONNECTED) 3] get -w /a
value1
[zk: 127.0.0.1:2181(CONNECTED) 4]
```

在终端2中输入如下命令。

```
[zk: 127.0.0.1:2181(CONNECTED) 0] set /a value2
[zk: 127.0.0.1:2181(CONNECTED) 1] get /a
value2
[zk: 127.0.0.1:2181(CONNECTED) 2]
```

终端 1 中没有通知提示，但 /a 的值被改成了 value2，在终端 1 执行如下命令。

```
[zk: 127.0.0.1:2181(CONNECTED) 4] get /a
value2
[zk: 127.0.0.1:2181(CONNECTED) 5]
```

4.15 命令 ls [-s] [-w] [-R] path 的使用：使用 -w 参数只监控子节点变化

命令：

```
ls [-s] [-w] [-R] path
```

使用 watch 参数的作用是监听 path 节点下的子节点变更。

如果不使用 watch 参数，则是查看 path 节点下的子节点。

在终端 1 中输入如下命令。

```
[zk: 127.0.0.1:2181(CONNECTED) 2] create /a
Created /a
[zk: 127.0.0.1:2181(CONNECTED) 3] ls -w /a
[]
[zk: 127.0.0.1:2181(CONNECTED) 4]
```

在终端 2 中输入如下命令。

```
[zk: 127.0.0.1:2181(CONNECTED) 0] create /a/a1
Created /a/a1
[zk: 127.0.0.1:2181(CONNECTED) 1] create /a/a2
Created /a/a2
[zk: 127.0.0.1:2181(CONNECTED) 2] create /a/a3
Created /a/a3
[zk: 127.0.0.1:2181(CONNECTED) 3]
```

终端 1 中接收到 1 次通知信息，如下所示。

```
WATCHER::

WatchedEvent state:SyncConnected type:NodeChildrenChanged path:/a
```

接收到 1 次通知是因为 watch 一旦被触发，就被删除了，想要重新 watch 监控，就要添加新的 watch。

Java代码如下。

```
public class LS_1 {
    public static void main(String[] args) throws Exception {
        String connectionString = F.IP_1 + ":" + F.PORT_1;
        RetryPolicy retryPolicy = new ExponentialBackoffRetry(1000, 3);

        CuratorFramework client = CuratorFrameworkFactory.
newClient(connectionString, retryPolicy);
        client.start();

        client.create().forPath("/a", "".getBytes());
        client.getChildren().usingWatcher(new MyCuratorWatcher1()).
forPath("/a");

        client.create().forPath("/a/a1", "".getBytes());
        client.create().forPath("/a/a2", "".getBytes());

        Thread.sleep(20000);

        client.close();
    }
}
```

程序运行结果如下。

```
/a
NodeChildrenChanged
```

验证"使用-w参数只监控子节点变化"，在终端1中输入如下命令。

```
[zk: 127.0.0.1:2181(CONNECTED) 1] create /a
Created /a
[zk: 127.0.0.1:2181(CONNECTED) 2] create /a/b
Created /a/b
[zk: 127.0.0.1:2181(CONNECTED) 3] ls -w /a
[b]
[zk: 127.0.0.1:2181(CONNECTED) 4]
```

在终端2中输入如下命令。

```
[zk: 127.0.0.1:2181(CONNECTED) 0] create /a/b/c
Created /a/b/c
[zk: 127.0.0.1:2181(CONNECTED) 1]
```

但终端 1 没有接收到任何消息，因为只监控子节点的变化，不监控子孙节点的变化，所以在终端 2 中创建/a 的子节点，命令如下。

```
[zk: 127.0.0.1:2181(CONNECTED) 1] create /a/x
Created /a/x
[zk: 127.0.0.1:2181(CONNECTED) 2]
```

终端 1 中接收到了通知，效果如下。

```
WATCHER::

WatchedEvent state:SyncConnected type:NodeChildrenChanged path:/a
```

Java 代码如下。

```
public class LS_2 {
    public static void main(String[] args) throws Exception {
        String connectionString = F.IP_1 + ":" + F.PORT_1;
        RetryPolicy retryPolicy = new ExponentialBackoffRetry(1000, 3);

        CuratorFramework client = CuratorFrameworkFactory.
newClient(connectionString, retryPolicy);
        client.start();

        client.create().forPath("/a", "".getBytes());
        client.create().forPath("/a/b", "".getBytes());
        client.getChildren().usingWatcher(new MyCuratorWatcher1()).
forPath("/a");

        client.create().forPath("/a/b/c", "".getBytes());
        client.create().forPath("/a/z", "".getBytes());

        Thread.sleep(20000);

        client.close();
    }
}
```

程序运行结果如下。

```
/a
NodeChildrenChanged
```

4.16 命令 ls [−s] [−w] [−R] path 的使用：使用 −R 参数取出所有子节点和子孙节点

在终端 1 中输入如下命令。

```
[zk: 127.0.0.1:2181(CONNECTED) 6] create /a
Created /a
[zk: 127.0.0.1:2181(CONNECTED) 7] create /a/b
Created /a/b
[zk: 127.0.0.1:2181(CONNECTED) 8] create /a/b/c
Created /a/b/c
[zk: 127.0.0.1:2181(CONNECTED) 9] create /a/b/c/d
Created /a/b/c/d
[zk: 127.0.0.1:2181(CONNECTED) 10] ls -R /a
/a
/a/b
/a/b/c
/a/b/c/d
[zk: 127.0.0.1:2181(CONNECTED) 11]
```

4.17 命令 ls [−s] [−w] [−R] path 的使用：使用 −s 参数取出节点的状态数据

在终端中输入如下命令。

```
[zk: 127.0.0.1:2181(CONNECTED) 10] create /a
Created /a
[zk: 127.0.0.1:2181(CONNECTED) 11] create /a/a1
Created /a/a1
[zk: 127.0.0.1:2181(CONNECTED) 12] create /a/a2
Created /a/a2
[zk: 127.0.0.1:2181(CONNECTED) 13] create /a/a3
Created /a/a3
[zk: 127.0.0.1:2181(CONNECTED) 14] ls /a
[a1, a2, a3]
[zk: 127.0.0.1:2181(CONNECTED) 15] ls -s /a
[a1, a2, a3]cZxid = 0x1d6
ctime = Sat Oct 12 13:02:41 CST 2019
```

```
mZxid = 0x1d6
mtime = Sat Oct 12 13:02:41 CST 2019
pZxid = 0x1d9
cversion = 3
dataVersion = 0
aclVersion = 0
ephemeralOwner = 0x0
dataLength = 0
numChildren = 3
```

Java 代码如下。

```java
public class LS_4 {
    public static void main(String[] args) throws Exception {
        String connectionString = F.IP_1 + ":" + F.PORT_1;
        RetryPolicy retryPolicy = new ExponentialBackoffRetry(1000, 3);

        CuratorFramework client = CuratorFrameworkFactory.
newClient(connectionString, retryPolicy);
        client.start();

        client.create().forPath("/a", "".getBytes());

        Stat stat = new Stat();
        client.getData().storingStatIn(stat).forPath("/a");

        System.out.println("getCzxid=" + stat.getCzxid());
        System.out.println("getMzxid=" + stat.getMzxid());
        System.out.println("getCtime=" + stat.getCtime());
        System.out.println("getMtime=" + stat.getMtime());
        System.out.println("getVersion=" + stat.getVersion());
        System.out.println("getCversion=" + stat.getCversion());
        System.out.println("getAversion=" + stat.getAversion());
        System.out.println("getEphemeralOwner=" + stat.
getEphemeralOwner());
        System.out.println("getDataLength=" + stat.getDataLength());
        System.out.println("getNumChildren=" + stat.getNumChildren());
        System.out.println("getPzxid=" + stat.getPzxid());

        client.close();
    }
}
```

程序运行结果如下。

```
getCzxid=139
getMzxid=139
getCtime=1630736871277
getMtime=1630736871277
getVersion=0
getCversion=0
getAversion=0
getEphemeralOwner=0
getDataLength=12
getNumChildren=0
getPzxid=139
```

4.18 命令 stat [-w] path 的使用

命令：

```
stat [-w] path
```

其作用是查看节点的详细信息，相当于ls命令使用了-s参数。

在终端中输入如下命令。

```
[zk: 127.0.0.1:2181(CONNECTED) 40] create /a avalue
Created /a
[zk: 127.0.0.1:2181(CONNECTED) 41] stat /a
cZxid = 0x1ec
ctime = Sat Oct 12 13:15:10 CST 2019
mZxid = 0x1ec
mtime = Sat Oct 12 13:15:10 CST 2019
pZxid = 0x1ec
cversion = 0
dataVersion = 0
aclVersion = 0
ephemeralOwner = 0x0
dataLength = 6
numChildren = 0
[zk: 127.0.0.1:2181(CONNECTED) 42]
```

结合-w参数可以实现状态发生改变时接收到通知。

在终端1中执行命令，如图4-1所示。

在终端 2 中执行命令，如图 4-2 所示。

```
[zk: localhost(CONNECTED) 1] stat -w /p1
cZxid = 0x3000314b1
ctime = Fri Jan 10 16:26:44 CST 2020
mZxid = 0x3000314c9
mtime = Fri Jan 10 16:54:08 CST 2020
pZxid = 0x3000314c6
cversion = 8
dataVersion = 6
aclVersion = 0
ephemeralOwner = 0x0
dataLength = 1
numChildren = 8
[zk: localhost(CONNECTED) 2]
```

```
[zk: localhost(CONNECTED) 20] set /p1 newValue
[zk: localhost(CONNECTED) 21]
```

图 4-1　设置观察　　　　　　　　　　　　　　　　图 4-2　设置值

终端 1 接收到通知，如图 4-3 所示。

```
[zk: localhost(CONNECTED) 1] stat -w /p1
cZxid = 0x3000314b1
ctime = Fri Jan 10 16:26:44 CST 2020
mZxid = 0x3000314c9
mtime = Fri Jan 10 16:54:08 CST 2020
pZxid = 0x3000314c6
cversion = 8
dataVersion = 6
aclVersion = 0
ephemeralOwner = 0x0
dataLength = 1
numChildren = 8
[zk: localhost(CONNECTED) 2]
WATCHER::

WatchedEvent state:SyncConnected type:NodeDataChanged path:/p1
```

图 4-3　收到通知

4.19　命令 removewatches path [-c|-d|-a] [-l] 的使用

命令：

```
removewatches path [-c|-d|-a] [-l]
```

其作用是移除 watch。

参数 -c：移除对子节点变化的 watch。

参数 -d：移除对节点数据变化的 watch。

参数 -a：移除上述两者的 watch。

参数 -l：当没有与服务器连接时，移除本地 watch。

4.19.1　测试对节点添加数据改变和子节点改变的 watch

在终端 1 中输入如下命令。

```
[zk: 127.0.0.1:2181(CONNECTED) 33] create /aa
Created /aa
[zk: 127.0.0.1:2181(CONNECTED) 34] set /aa value1
[zk: 127.0.0.1:2181(CONNECTED) 35] get -w /aa
value1
[zk: 127.0.0.1:2181(CONNECTED) 36] ls -w /aa
[]
[zk: 127.0.0.1:2181(CONNECTED) 37]
```

在终端 2 中输入如下命令。

```
[zk: 127.0.0.1:2181(CONNECTED) 5] set /aa value2
[zk: 127.0.0.1:2181(CONNECTED) 6] create /aa/bb
Created /aa/bb
[zk: 127.0.0.1:2181(CONNECTED) 7]
```

在终端 1 中接收到了如下通知：

```
WATCHER::

WatchedEvent state:SyncConnected type:NodeDataChanged path:/aa

WATCHER::

WatchedEvent state:SyncConnected type:NodeChildrenChanged path:/aa
```

4.19.2　测试 −a 参数移除所有的 watch

当使用如下命令移除watch时，不再接收通知，开始测试。

```
removewatches path -a
```

在终端 1 中输入如下命令。

```
[zk: 127.0.0.1:2181(CONNECTED) 10] create /aa value1
Created /aa
[zk: 127.0.0.1:2181(CONNECTED) 11] get -w /aa
value1
[zk: 127.0.0.1:2181(CONNECTED) 12] ls -w /aa
[]
[zk: 127.0.0.1:2181(CONNECTED) 13] removewatches /aa -a
```

```
WATCHER::

WatchedEvent state:SyncConnected type:DataWatchRemoved path:/aa

WATCHER::

WatchedEvent state:SyncConnected type:ChildWatchRemoved path:/aa
[zk: 127.0.0.1:2181(CONNECTED) 14]
```

在终端 2 中输入如下命令。

```
[zk: 127.0.0.1:2181(CONNECTED) 5] set /aa value2
[zk: 127.0.0.1:2181(CONNECTED) 6] create /aa/bb
Created /aa/bb
[zk: 127.0.0.1:2181(CONNECTED) 7]
```

在终端 1 中并没有接收到通知，说明使用命令 removewatches 删除了所有的 watch。

4.19.3　测试连接恢复后 watch 依然有效

注意，此案例不要在 Shell 工具中进行测试，直接在 Linux 的终端中进行测试。

如果在 watch 正常的情况下，当客户端与服务器断开连接后再次连接时，曾经注册过的 watch 还会继续有效，测试如下。

在终端 1 中输入如下命令。

```
[zk: 127.0.0.1:2181(CONNECTED) 27] create /aa aavalue
Created /aa
[zk: 127.0.0.1:2181(CONNECTED) 28] get -w /aa
aavalue
[zk: 127.0.0.1:2181(CONNECTED) 29] ls -w /aa
[]
```

在终端 2 中 kill 掉 ZooKeeper 服务器进程，这时终端 1 出现异常。

```
[myid:127.0.0.1:2181] - INFO  [main-SendThread(127.0.0.1:2181):ClientCnxn
$SendThread@1244] - Socket error occurred: localhost/127.0.0.1:2181: 拒绝
连接
```

再重新启动 ZooKeeper 服务器，这时终端 1 成功连接到 ZooKeeper 服务器，并且以透明的方式将 watch 重新注册到 ZooKeeper 服务器。

在终端 2 中输入如下命令。

```
[zk: 127.0.0.1:2181(CONNECTED) 15] set /aa value2
```

```
[zk: 127.0.0.1:2181(CONNECTED) 16] create /aa/bb
Created /aa/bb
[zk: 127.0.0.1:2181(CONNECTED) 17]
```

在终端1中接收到通知。

```
WATCHER::

WatchedEvent state:SyncConnected type:NodeDataChanged path:/aa

WATCHER::

WatchedEvent state:SyncConnected type:NodeChildrenChanged path:/aa
```

4.19.4　测试使用 −l 参数连接恢复后不再重新注册 watch

如果在本地执行带有−l参数的removewatches命令时，ZooKeeper服务恢复后，客户端并不用重新注册本地watch，继续测试。

在终端1中输入如下命令。

```
[zk: 127.0.0.1:2181(CONNECTED) 32] create /aa aavalue
Created /aa
[zk: 127.0.0.1:2181(CONNECTED) 33] get -w /aa
aavalue
[zk: 127.0.0.1:2181(CONNECTED) 34] ls -w /aa
[]
[zk: 127.0.0.1:2181(CONNECTED) 35] removewatches /aa -l

WATCHER::

WatchedEvent state:SyncConnected type:DataWatchRemoved path:/aa

WATCHER::

WatchedEvent state:SyncConnected type:ChildWatchRemoved path:/aa
```

在终端2中kill掉ZooKeeper进程，这时终端1出现异常。

```
[myid:127.0.0.1:2181] - INFO  [main-SendThread(127.0.0.1:2181):ClientCnxn
$SendThread@1244] - Socket error occurred: localhost/127.0.0.1:2181: 拒绝
连接
```

再重新启动ZooKeeper服务器，这时终端1成功连接到ZooKeeper服务器，但是并不把watch重新注册到ZooKeeper服务器。

在终端 2 中输入如下命令。

```
[zk: 127.0.0.1:2181(CONNECTED) 15] set /aa value2
[zk: 127.0.0.1:2181(CONNECTED) 16] create /aa/bb
Created /aa/bb
[zk: 127.0.0.1:2181(CONNECTED) 17]
```

在终端 1 中没有接收到通知。

4.20　自实现递归 watch 的效果

```java
public class MyCuratorWatcher2 implements CuratorWatcher {
    private CuratorFramework curator;

    public MyCuratorWatcher2(CuratorFramework curator) {
        this.curator = curator;
    }

    @Override
    public void process(WatchedEvent event) throws Exception {
        System.out.println(event.getPath());
        if (event.getType() == Watcher.Event.EventType.
PersistentWatchRemoved) {
            System.out.println("PersistentWatchRemoved");
        }
        if (event.getType() == Watcher.Event.EventType.ChildWatchRemoved)
{
            System.out.println("ChildWatchRemoved");
        }
        if (event.getType() == Watcher.Event.EventType.DataWatchRemoved) {
            System.out.println("DataWatchRemoved");
        }
        if (event.getType() == Watcher.Event.EventType.
NodeChildrenChanged) {
            System.out.println("NodeChildrenChanged");
        }
        if (event.getType() == Watcher.Event.EventType.NodeCreated) {
            System.out.println("NodeCreated");
        }
        if (event.getType() == Watcher.Event.EventType.NodeDataChanged) {
```

```
            System.out.println("NodeDataChanged");
        }
        if (event.getType() == Watcher.Event.EventType.NodeDeleted) {
            System.out.println("NodeDeleted");
        }
        if (event.getType() == Watcher.Event.EventType.None) {
            System.out.println("None");
        }
        curator.getData().usingWatcher(this).forPath("/a1");
    }
}


public class RecursionWatch_1 {
    public static void main(String[] args) throws Exception {
        String connectionString = F.IP_1 + ":" + F.PORT_1;
        RetryPolicy retryPolicy = new ExponentialBackoffRetry(1000, 3);
        CuratorFramework client = CuratorFrameworkFactory.
newClient(connectionString, retryPolicy);
        client.start();

        // 判断节点是否存在
        if (client.checkExists().forPath("/a1") != null) {
            // 删除
            client.delete().deletingChildrenIfNeeded().forPath("/a1");
        }

        // 创建
        client.create().forPath("/a1", "a1value".getBytes());

        MyCuratorWatcher2 watcher = new MyCuratorWatcher2(client);
        client.getData().usingWatcher(watcher).forPath("/a1");
        Thread.sleep(Integer.MAX_VALUE);
    }
}

public class RecursionWatch_2 {
    public static void main(String[] args) throws Exception {
        String connectionString = F.IP_1 + ":" + F.PORT_1;
        RetryPolicy retryPolicy = new ExponentialBackoffRetry(1000, 3);
        CuratorFramework client = CuratorFrameworkFactory.
newClient(connectionString, retryPolicy);
        client.start();
```

```java
        {// 更改
            client.setData().forPath("/a1", "/a1_value 新值 1".getBytes());
            String getValue = new String(client.getData().forPath("/
a1"));
            System.out.println(getValue);
        }
        {// 更改
            client.setData().forPath("/a1", "/a1_value 新值 2".getBytes());
            String getValue = new String(client.getData().forPath("/
a1"));
            System.out.println(getValue);
        }
        {// 更改
            client.setData().forPath("/a1", "/a1_value 新值 3".getBytes());
            String getValue = new String(client.getData().forPath("/
a1"));
            System.out.println(getValue);
        }

        client.close();
    }
}

public class RecursionWatch_3 {
    public static void main(String[] args) throws Exception {
        String connectionString = F.IP_1 + ":" + F.PORT_1;
        RetryPolicy retryPolicy = new ExponentialBackoffRetry(1000, 3);
        CuratorFramework client = CuratorFrameworkFactory.
newClient(connectionString, retryPolicy);
        client.start();

        {// 更改
            client.setData().forPath("/a1", "/a1_value 新值 11".
getBytes());
            String getValue = new String(client.getData().forPath("/
a1"));
            System.out.println(getValue);
        }
        {// 更改
            client.setData().forPath("/a1", "/a1_value 新值 22".
getBytes());
            String getValue = new String(client.getData().forPath("/
a1"));
```

```
            System.out.println(getValue);
        }
        {// 更改
            client.setData().forPath("/a1", "/a1_value 新值 33".
getBytes());
            String getValue = new String(client.getData().forPath("/
a1"));
            System.out.println(getValue);
        }

        client.close();
    }
}
```

首先运行 RecursionWatch_1 类，然后再运行 RecursionWatch_2 类，类 RecursionWatch_2 的控制台输出结果如下。

```
/a1_value 新值 1
/a1_value 新值 2
/a1_value 新值 3
```

类 RecursionWatch_1 的控制台输出结果如下。

```
/a1
NodeDataChanged
/a1
NodeDataChanged
/a1
NodeDataChanged
```

再运行 RecursionWatch_3 类，类 RecursionWatch_3 的控制台输出结果如下。

```
/a1_value 新值 11
/a1_value 新值 22
/a1_value 新值 33
```

类 RecursionWatch_1 的控制台再次输出结果如下。

```
/a1
NodeDataChanged
/a1
NodeDataChanged
/a1
NodeDataChanged
```

4.21　命令 whoami 的使用

命令：

```
whoami
```

其作用是获得当前账号。

案例如下。

```
[zk: localhost:2181(CONNECTED) 6] whoami
Auth scheme: User
ip: 127.0.0.1
[zk: localhost:2181(CONNECTED) 7] addauth digest ghy:123
[zk: localhost:2181(CONNECTED) 8] whoami
Auth scheme: User
digest: ghy
ip: 127.0.0.1
[zk: localhost:2181(CONNECTED) 9]
```

4.22　命令 version 的使用

命令：

```
version
```

其作用是获得版本号。

案例如下。

```
[zk: localhost:2181(CONNECTED) 9] version
ZooKeeper CLI version: 3.7.0-e3704b390a6697bfdf4b0bef79e3da7a4f6bac4b,
built on 2021-03-17 09:46 UTC
[zk: localhost:2181(CONNECTED) 10]
```

4.23　命令 getAllChildrenNumber path 的使用

命令：

```
getAllChildrenNumber path
```

其作用是获得指定节点下的节点数。

案例如下。

```
[zk: localhost:2181(CONNECTED) 10] ls -R /
/
/a1
/zookeeper
/zookeeper/config
/zookeeper/quota
/zookeeper/quota/a
/zookeeper/quota/a/zookeeper_limits
/zookeeper/quota/a/zookeeper_stats
[zk: localhost:2181(CONNECTED) 11] getAllChildrenNumber /
7
[zk: localhost:2181(CONNECTED) 12]
```

4.24 命令 getEphemerals path 的使用

命令:

```
getEphemerals path
```

其作用是返回指定节点下的瞬时节点。

案例如下。

```
[zk: localhost:2181(CONNECTED) 14] create -e /a
Created /a
[zk: localhost:2181(CONNECTED) 15] create -e /b
Created /b
[zk: localhost:2181(CONNECTED) 16] create -e /c
Created /c
[zk: localhost:2181(CONNECTED) 17] create /d
Created /d
[zk: localhost:2181(CONNECTED) 18] getEphemerals /
[/a, /b, /c]
[zk: localhost:2181(CONNECTED) 19]
```

第5章

软件技术架构的发展

技术只为业务服务。

本章主要介绍软件技术架构发展的历程，以及阶段性遇到的问题和下一步的解决方案，从而让读者对架构如何发展、如何演变的过程有一个总体的认识。

本章介绍的软件技术架构演变过程如图 5-1 所示。

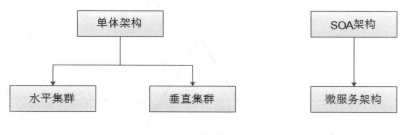

图 5-1　架构演变过程

5.1　单体架构

从软件技术架构发展的历程来看，最原始的架构当属"单体架构"，如图 5-2 所示。

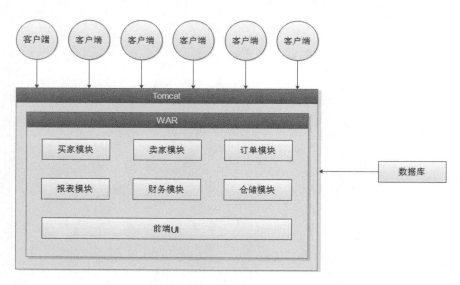

图 5-2　单体架构

单体架构最显著的特点就是 All-One，所有的组件（包含 controller 控制层，service 业务层，dao

数据访问层，view 视图层等组件）都以 1 个 WAR 文件的形式进行封装存储，并且所有的组件都运行在同一个进程中。

> 注意：现在主流的大型软件已经不再使用单体架构，单体架构只适合小型项目。

单体架构的优点如下。

每个事物都有自身的优缺点，单体架构也不例外，单体架构主要有两个优点。

（1）易于开发与调试：所有的组件都运行在同一个进程中，没有跨进程访问的情况，出现问题时只需要排查当前项目即可。

（2）易于部署与运维：直接将 1 个 WAR 文件部署到 Tomcat，启动 Tomcat 后就能立即访问项目，无须其他多余的操作。

单体架构的缺点如下。

虽然单体架构结构简单，但在遇到如下几个场景时，单体架构就会暴露严重的缺点。

（1）使用人数越来越多：对唯一的硬件服务器造成很大的负载压力，访问人数越多，运行速度越慢，响应时间越长，严重情况下会出现无法访问的结果。

（2）软件功能越来越多：为了满足不同人群的功能实现，单体项目的 WAR 文件所占的存储空间会越来越大，越来越臃肿，组件之间一定会大量出现紧耦合，以至于在二次开发时都比较棘手，不容易后期维护，以上情况绝对会发生在用户为百万级的软件项目中，并且不分大小公司，都会遇到同样的问题。

（3）部署频率比较低：因为会影响所有的业务。

（4）可靠性比较差：因为一个模块出现 Bug，有可能会导致整体的软件项目出现崩溃。

（5）技术更新受限：因为项目中会使用统一的技术，不利于技术更新。

以上种种问题可以使用集群方式来解决单体架构的缺点。

5.2　水平集群架构

在单体架构中，使用人数过多会对唯一的硬件服务器造成很大的负载压力，访问人数越多，运行速度越慢，响应时间越长，严重情况下会出现无法访问的结果。

遇到这种情况，可以通过增加硬件服务器的数量来分摊对单一硬件服务器的高负载，实现水平集群。水平集群架构的核心思想就是增加更多的硬件服务器，如图 5-3 所示。

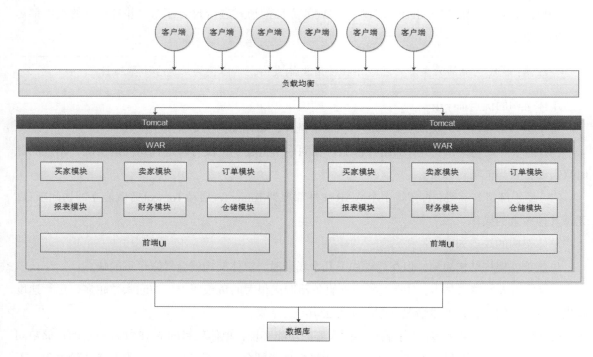

图 5-3　水平集群架构

水平集群架构的优点如下。

（1）使用更多的硬件服务器来提高运行效率，减少对单一硬件服务器的访问压力。

（2）部属简单，因为每台硬件服务器中运行环境是一模一样的，有克隆的特性，但这是优点，也是缺点。

水平集群架构的缺点如下。

（1）使用水平集群架构后，每台硬件服务器中运行的内容是一模一样的，无法实现针对某个业务功能进行扩容的需求。当增加硬件服务器后，把不需要扩容的业务功能也扩容了，完全就是"要扩就整体扩"的"一刀切"模式，极大浪费了硬件服务器资源，增加了投入资金的成本。

（2）如果某一个Java类出现了Bug，则该Bug会存在所有服务器上，修补Bug后要对所有服务器中的项目进行更新，对后期的运维非常不利，大大增加了后期运维成本。

5.3　垂直集群架构

单体架构有很多缺点，遇到这种情况时，可以把单一WAR文件中的业务按功能拆分到不同的WAR文件中，然后使用RPC远程方法调用的方式实现不同项目中的业务之间进行彼此通信。垂直集群架构的核心思想就是由大变小，分而治之，如图5-4所示。

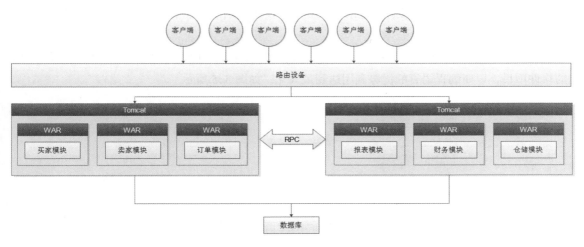

图 5-4　垂直集群架构

垂直集群架构的优点如下。

（1）可以指定对某个业务功能进行扩容。

（2）哪个模块有问题就改哪个，不会牵扯其他模块，实现低耦合、高内聚。

注意：垂直集群架构是开发中小型软件项目时被优先选择的架构。

垂直集群架构的缺点如下。

（1）模块间使用RPC通信后，彼此之间的IP地址是硬编码，即使使用配置文件作为记录，也会出现当硬件服务器的IP地址变更后还要更改配置文件中的内容，属于手动操作，没有自动化配置注册中心的功能。

（2）请求最终到达的路径通过路由设备进行管理，只能实现简单的配置，不能进行编程化，缺少可定制化路由网关的功能。

注意：水平集群架构和垂直集群架构都有自己使用的场景，彼此之间不可能进行完全的替代，在不同场景使用不同的架构，每个架构都存在发挥优势的场景。

5.4　SOA 架构

SOA（Service-Oriented Architecture，面向服务架构）是一种软件架构的理论概念，是一种架构思想，其目标如下。

（1）实现异构系统的数据交换：比如实现C++、PHP、Java、Python、Delphi等编程语言之间的数据交换。

（2）实现公共组件的共享复用：把系统中被多个模块调用的功能抽取出来，形成公共组件公共服务，实现复用，类似于中台技术。

先来看第1点，在企业应用中，由于场景的复杂性，通常会使用不同的编程语言来开发不同功能的软件项目，以使编程语言的优势利用达到最大化，如图5-5所示。

图5-5　不同编程语言开发的系统

但使用不同的编程语言开发出来的软件系统之间不能进行通信，每个系统成为孤岛。SOA的目标就是解决这个问题，SOA使"孤岛系统"之间实现了通信，如图5-6所示。

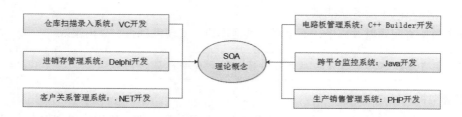

图5-6　使用SOA解决孤岛问题

但这里的SOA依然还是理论概念，理论是需要技术实现的。实现SOA理论最经典的技术就是Web Service。Web Service是实现SOA的基础组件，使用Web Service技术来实现异构平台之间的通信，如图5-7所示。

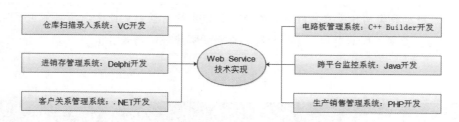

图5-7　使用Web Service实现SOA

使用SOA后，异构平台之间可以进行数据通信了，为公共服务被调用提供了运行环境。

再来看第2点，虽然使用SOA使异构平台之间可以通信了，但现在出现一个情况：当用户下单支付时，判断账户余额是否足够是写在用户模块中还是写在财务模块中呢？其实类似这样的功能应该写在公共服务中，因为会有不同的系统进行调用，实现功能的复用。不同系统与公共服务之间使用ESB企业服务总线实现通信，如图 5-8 所示。

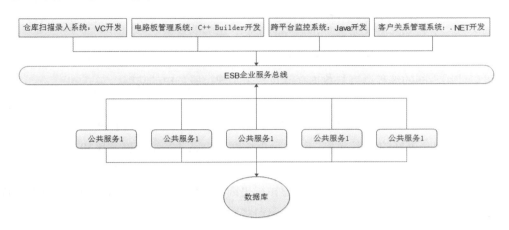

图 5-8　使用ESB实现系统与服务的通信

ESB提供服务地址的管理、不同系统调用时的协议转化等核心功能。服务提供者与服务消费者不需要知道对方的地址，实现解耦。在SOA中的ESB是一个非常重要的组件，所有的公共服务都要在ESB中进行处理。

5.5　微服务架构

微服务（MicroServices）这个术语在Martin Fowler的论文中被提及，然后被IT界广泛地接触和熟知，原文部分内容如下。

In short, the microservice architectural style is an approach to developing a single application as a suite of small services, each running in its own process and communicating with lightweight mechanisms, often an HTTP resource API. These services are built around business capabilities and independently deployable by fully automated deployment machinery. There is a bare minimum of centralized management of these services, which may be written in different programming languages and use different data storage technologies.

中文翻译大体如下。

简言之，微服务体系架构的风格是一种将单体应用开发为一组小型服务的方法，每个服务在其自己的进程中运行，并结合轻量级通信机制互相访问，通常是HTTP资源的API。这些服务围绕业务功能进行构建，可通过全自动部署机制独立部署。对服务的集中管理非常少，但不是没有，并且服务可能以不同的编程语言编写，还可以使用不同的数据存储技术。

对微服务的总结如下。

（1）每个微服务运行在自己的进程中。

（2）多个微服务组成完整的软件系统。

（3）每个微服务只关注某个业务，比如订单业务、库存业务等。

（4）微服务之间使用轻量级通信机制，比如通过RESTful API进行互相调用。

（5）可以使用不同的编程语言与数据存储技术来实现微服务中的功能。

（6）全自动的部署方式。

微服务架构是SOA理论概念更细化、更具体化的实现，微服务还是沿用SOA的核心思想，微服务是比 Web Service 更好的实现方式。SOA是粗粒度，微服务是细粒度，比如在微服务中，会把用户服务拆分成登录服务、积分服务等子服务。SOA和微服务本质上都在实现服务化思想。SOA是服务化思想的雏形，而微服务把服务化思想做得更细化、更具体化，对服务的处理更加细致。

其实微服务技术的使用已经出现了很久，只是那时这个概念过于前沿，只有少部分软件大师以"新技术新概念"的方式进行推广与使用，而由于当时的软件技术环境并不适合微服务的生长，所以没有广泛流行起来。但现在随着互联网的流行，微服务技术终于找到一个栖息地流行起来了，所以使用"生不逢时"与"万事俱备，只欠东风"来形容微服务再合适不过了。

微服务架构是一种架构风格和架构思想，它倡导在单体软件架构的基础上，将系统业务按照功能拆分为更加细粒度的服务，微服务重在"拆"字，所拆分的每一个服务都是一个独立的应用，独立的进程，这些应用对外提供公共的API，可以独立承担对外服务的职责。通过此种思想所开发的软件服务实体就是"微服务"，而围绕着微服务思想构建的一系列结构，可以称为"微服务架构"。

微服务可以将单体架构拆分成若干小型的服务单元，服务单元之间使用REST API进行互相访问与操作，微服务架构的简化结构如图 5-9 所示。

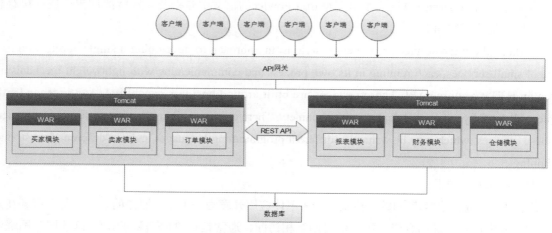

图 5-9　微服务架构

SOA与微服务的区别如下。

（1）SOA关注的是公共服务的复用，并解决"孤岛系统"的问题。

（2）微服务关注的是业务解耦。

微服务架构最显著的特点就是服务分布式，以及对大服务进行拆分。在微服务中将功能相似的业务打包成单独的小型服务，每个小型服务其实就是单独的项目，每个小型服务运行在不同的进程中，形成服务分布式。每个服务都具有控制层、业务层、数据访问层及视图层等，可谓"麻雀虽小，五脏俱全"。

微服务架构的优点如下。

（1）将大服务拆分成小服务，每个服务专注于单一的功能，服务边界明确，易于开发，便于开发人员的分工分组，服务复杂度可控。

（2）因为服务体积变小，所以提高了开发与调试的工作效率。

（3）服务可独立部署，不需要部署全部的项目。

（4）技术升级非常灵活，只需要针对某个服务进行技术升级即可。

（5）服务扩容灵活，只对需要扩容的服务增加硬件服务器即可。

（6）功能高内聚，便于模块化开发。

微服务架构的缺点如下。

（1）程序员需要面对复杂的分布式网络环境，以整体项目作为参考，对开发、调试及错误分析非常不利，解决问题时需要考虑得更加全面，需要更多的时间。

（2）采用分布式结构，部署麻烦，增加运维成本。

（3）增加硬件资源，因为理想中的部署结构是每个服务部署在不同的硬件服务器中，当然为了节省硬件资源，一台硬件服务器可以部署多个服务。

（4）由于服务个数太多，增加了监控复杂度。

5.6　CAP 理论

本节介绍 CAP 理论的相关知识。

5.6.1　什么是 CAP 理论

CAP 是实现分布式系统的思想，它由 3 个元素组成。

（1）Consistency（一致性）。

原文定义：Every read receives the most recent write or an error.

原文解释：每个读取都会收到最新的写入或错误。

白话解释：在任何的对等服务器上读取的数据都是最新版，不会读取出旧的数据。比如 ZooKeeper 集群，从任何一台节点读取出来的数据是一致的。

（2）Availability（可用性）。

原文定义：Every request receives a (non-error) response – without guarantee that it contains the most recent write.

原文解释：每个请求都会收到（非错误）响应，但不保证它包含最新的写入数据。

白话解释：虽然系统内部会出现一些故障，但系统整体一直会对外提供服务，不至于崩溃。比如有10台服务器，其中4台服务器出现了故障，但经过特殊处理，把请求交给剩余的6台运行正常的服务器，系统整体还在运行中，没有因为那4台出现故障的服务器造成整体失效，实现高可用。

（3）Partition Tolerance（分区容忍性）。

图 5-10　CAP理论图

原文定义：The system continues to operate despite an arbitrary number of messages being dropped (or delayed) by the network between nodes.

原文翻译：尽管任意多个消息在不同的网络节点之间被删除或延迟，但系统仍可以继续运行。

白话解释：有C和D两台集群服务器，C在中国，D在美国，如果发生网络异常，则C和D在不同的网络分区中可以正常运行。

CAP理论可以分成3种组合：CA、AP、CP，效果如图5-10所示。

但在网络环境中，网络是不可能不出现故障的，所以分区容忍性P一定是存在的，一定要保证分区容忍性P的功能是正常的。

当P为必须存在的情况下，CAP理论定义出两种组合：AP和CP。

（1）AP代表在分区的情况下可以保障高可用。

（2）CP代表在分区的情况下可以保障一致性。

5.6.2　为什么 CA 不能共存

为什么当P存在时，C和A不能同时存在呢？举个例子，比如有A和B主从备份分布式系统，当client1向A写入数据时，为了保证C的一致性，必须使用锁来避免client2从B读取出旧的数据，client1向A和B写完数据后再释放锁。如果这样做就保证不了A的可用性，因为有锁的存在，client2一直呈阻塞状态，B不能提供服务，所以C和A不可能同时存在。再举例，如果发生网络分区（脑裂）的情况，则A和B的主从架构不能保证数据的一致性，client2想要读取最新正确的数据是不能实现的，除非放弃A高可用特性或放弃C一致性特性，所以C和A不可能同时存在。

不过如果疯狂地增加网络线路和硬件服务器数量的资金成本，网络分区可以得到避免，但仅仅存在于理想的状态下（万一就是那几条关键的网线出现问题而发生了网络分区），另外软件资金也是有限度的。

5.6.3　AP 与 CP 区别的再解释

有 3 台服务器实现数据同步，如图 5-11 所示。

图 5-11　有 3 台服务器

3 台服务器的作用是保存数据，三者之间实现数据的同步，达到数据的一致性。

当网络出现分区时，服务器架构的结构包含如图 5-12 所示的两种。

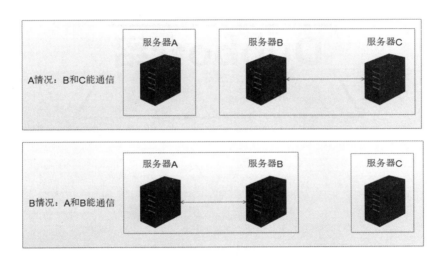

图 5-12　出现网络分区

假设现在的网络环境是 A 情况，当向服务器 B 添加数据时，只有服务器 C 可以同步数据，而服务器 A 无法同步。

（1）实现 AP：数据正确存储在服务器 B 和服务器 C 中，服务器 A 中无数据，实现了高可用。

（2）实现 CP：由于网络出现故障，所以服务器 B 拒绝了保存数据，数据没有正确存储在服务器 B 中，那么服务器 C 中也没有数据，服务器 A 中也没有，实现了数据的一致性，3 台服务器都没有保存新添加的数据。

第6章

Dubbo介绍

6.1　Dubbo 介绍

Apache Dubbo 是一款高性能、轻量级的开源微服务开发框架，它提供了 RPC 通信与微服务治理两大关键能力。这意味着，使用 Dubbo 开发的微服务，将具备相互之间的远程发现与通信能力，同时利用 Dubbo 提供的丰富服务治理能力，可以实现诸如服务发现、负载均衡、流量调度等服务治理需求。同时 Dubbo 是高度可扩展的，用户几乎可以在任意功能点去定制自己的实现，以改变框架的默认行为来满足自己的业务需求。

Dubbo 提供了构建云原生微服务业务的一站式解决方案，可以使用 Dubbo 快速定义并发布微服务组件，同时基于 Dubbo 开箱即用的丰富特性及超强的扩展能力，构建运维整个微服务体系所需的各项服务治理能力，如 Tracing、Transaction 等，Dubbo 提供的基础能力包括如下几点。

（1）服务发现。

（2）流式通信。

（3）负载均衡。

（4）流量治理。

……

Dubbo 计划提供丰富的多语言客户端实现，其中 Java、Golang 版本是当前稳定性和活跃度最好的版本，其他多语言客户端正在持续建设中。

Dubbo 的优势如下。

（1）开箱即用。

①易用性高，比如 Java 版本的面向接口代理特性能实现本地透明调用。

②功能丰富，基于原生库或轻量扩展即可实现绝大多数的微服务治理能力。

（2）超大规模微服务集群实践。

①高性能的跨进程通信协议。

②地址发现、流量治理层面，轻松支持百万规模集群实例。

（3）企业级微服务治理能力。

①服务测试。

②服务 Mock。

Dubbo 中文版网址如下。

```
https://dubbo.apache.org/zh/
```

主页显示内容如图 6-1 所示。

图 6-1　显示主页

6.1.1　什么是 Dubbo

Apache Dubbo是中国阿里巴巴公司开源的一款分布式服务治理框架，支持高性能的Java RPC数据通信，现在已经是Apache组织的顶级项目。

Dubbo是阿里巴巴SOA（Service-Oriented Architecture，面向服务架构）服务化治理方案的核心框架，每天为2000多个服务提供30多亿次访问量支持，并被广泛应用于阿里巴巴集团的各成员站点，国内软件公司应用众多。

MVC（M：Model模型；V：View视图；C：Controller控制器）思想是分层，便于代码的后期维护。而SOA思想是分割，将不同的业务做成独立的服务，比如财务服务中心、进销存服务中心、用户信息服务中心，这些服务可以被不同的服务访问，实现数据共享。

在没有Dubbo技术之前，主流的RPC框架是hessian，但由于hessian框架只支持RPC数据通信，并不支持服务的治理，所以hessian技术逐渐被Dubbo技术所替代。

Dubbo提供了从服务定义、服务发现、服务通信到流量管控等几乎所有的服务治理能力，并且尝试从使用上对用户屏蔽底层细节，以提供更好的易用性。

现在主流的RPC框架包含Dubbo、SpringCloud、hessian、thrift、gRPC等。

6.1.2　谁在使用 Dubbo

使用Dubbo的部分用户列表如图 6-2 所示。

图 6-2　部分用户列表

随着 Spring Cloud Alibaba 版本的逐渐流行，Dubbo 会在 Spring Cloud 生态中发挥更大的作用。

6.1.3　Dubbo 关键特性

Apache Dubbo 的关键特性如下。

（1）面向接口代理的高性能 RPC 调用：提供高性能的基于代理的远程调用能力，服务以接口为粒度，为开发者屏蔽远程调用底层细节。

（2）智能容错和负载均衡：内置多种负载均衡策略，智能感知下游节点健康状况，显著减少调用延迟，提高系统吞吐量。

（3）服务自动注册和发现：支持多种注册中心服务，服务实例上下线实时感知。

（4）高度可扩展能力：遵循微内核+插件的设计原则，所有核心能力如 Protocol、Transport、Serialization 被设计为扩展点，平等对待内置实现和第三方实现。

（5）运行期流量调度：内置条件、脚本等路由策略，通过配置不同的路由规则，轻松实现灰度发布、同机房优先等功能。

（6）可视化的服务治理与运维：提供丰富服务治理、运维工具，随时查询服务元数据、服务健康状态及调用统计，实时下发路由策略、调整配置参数。

6.1.4　软件系统的架构发展历程

软件系统的架构发展主要经历了 3 个阶段。

（1）集中式。

（2）集群式。

（3）分布式。

在软件规模比较小的阶段，软件架构大多都是"集中式"，也称"单体式"，如图 6-3 所示。

所有的业务统统放入一台服务器中，这台服务器处理所有的业务，如果有更多的人访问这台服务器，则服务器性能瓶颈很快就会出现，系统运行越来越慢，越来越卡，满足不了用户对性能上的要求，所以具有负载均衡功能的"集群式"架构出

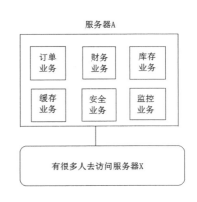

图 6-3　集中式架构

现了，如图 6-4 所示。

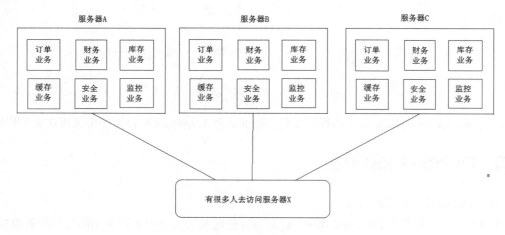

图 6-4 集群式架构

为了使软件系统运行得更快，添加了若干台服务器，实现具有负载均衡功能的集群，但依然有如下 3 个缺点。

（1）每台服务器承载的业务功能是一样的，导致每台服务器处理的业务非常"杂"，业务没有拆分。

（2）如果有功能变更，要把所有服务器上的代码都进行更新，增加运维成本。

（3）如果某些业务大量耗时，并且需要大量的 CPU 资源，则会占用某些耗时较少，CPU 资源占用少的业务处理，产生有限资源的争抢。

这时就要拆分业务，形成"分布式"，如图 6-5 所示。

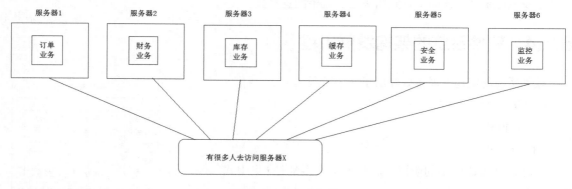

图 6-5 分布式架构

每台服务器只处理 1 个业务，那么不同服务器之间是如何实现数据通信的呢？使用 RPC，效果如图 6-6 所示。

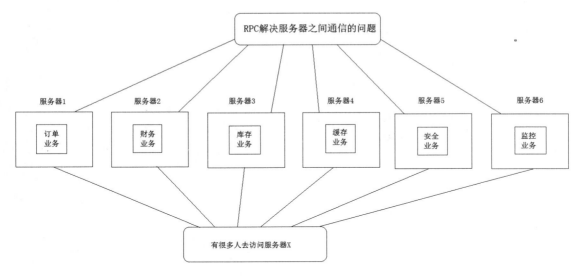

图 6-6　使用RPC实现通信

每台服务器不是独立的孤岛，使用RPC技术在服务器之间进行数据的传输与交换，可以达到服务器通信的目的。

6.1.5　什么是 RPC

在 1 个 JVM 进程中，一个类中的方法调用另一个类中的方法是正常的，可以实现的，但如果在多个 JVM 进程之间互相调用呢？比如有两台计算机 A 和 B，A 计算机运行 JVM，B 计算机也运行 JVM，由于业务是运行在不同的计算机和不同的 JVM 中，所以 A 和 B 计算机不能直接通信，要借助于 RPC 技术。

RPC（Remote Procedure Call，远程方法调用）是一种在不同计算机或不同进程之间进行数据通信的技术，使用 RPC 不需要了解网络底层知识，即可实现远程通信，RPC 底层原理是使用 Socket 实现不同计算机之间的通信。RPC 采用服务端/客户端模式，客户端发起请求，而服务端接收请求及处理响应。

6.1.6　RPC 也需要协议

远程方法调用 RPC 技术实现不同节点的互相通信，底层技术还是 Socket。实现网络通信除了要使用 Socket 技术之外，还要结合网络协议，RPC 通信也不例外。实现 RPC 通信大多数是自定义通信协议，最简单的就是使用 JSON 或 XML 格式来承载协议内容，一个简单的使用 JSON 模拟的协议内容如下。

客户端向服务端发起查询请求并基于 JSON 的自定义协议内容如下。

```
{
    "ip": "192.168.1.1",
    "port": "7777",
    "className": "service.UserinfoService",
    "methodName": "printAllUserinfo",
    "queryParam": {
        "username": " 中国 ",
        "password": " 中国人 ",
        "age": "100"
    }
};
```

服务端向客户端发起响应的协议：

```
{
    "returnData": [{
        "username": " 中国 1",
        "password": " 中国 11",
        "age": 51,
        "insertdate": "2000-1-1",
        "address": " 北京 "
    }, {
        "username": " 中国 2",
        "password": " 中国 22",
        "age": 52,
        "insertdate": "2000-1-2",
        "address": " 上海 "
    }, {
        "username": " 中国 3",
        "password": " 中国 33",
        "age": 53,
        "insertdate": "2000-1-3",
        "address": " 广州 "
    }],
};
```

初看这个RPC的请求和响应协议，与Web开发中的HTTP协议特别类似，而且也具有request和response模型，的确！所有的通信都是在请求和响应模型的基础上进行的，原理都是相通的。

6.1.7 实现 RPC 的方式

实现RPC通信可以使用以下 2 种方式。

126

（1）基于 TCP 协议实现：自己定制通信协议格式，就像前面自定义的 JSON 协议格式一样，使用 TCP 协议对定制通信协议进行传输，实现两端通信。

（2）基于 HTTP 协议实现：自己定制通信协议格式，就像前面自定义的 JSON 协议格式一样，使用 HTTP 协议对定制通信协议进行传输，实现两端通信。

使用 TCP 与 HTTP 实现 RPC 最大的区别就是 TCP 执行速度要比 HTTP 快很多，原因是 TCP 直接使用基于 Socket 技术进行通信，而 HTTP 底层虽然也使用 Socket 技术进行通信，但 HTTP 协议是"重协议"，通过 HTTP 协议进入 Web 容器后还要处理其他的任务，比如 Cookie、Session、Application、Filter、Listener 等，还有 Web 容器内自己的业务都需要执行，并没有针对通信的效率进行垂直直接的优化，所以使用 TCP 协议实现 RPC 在执行效率上比 HTTP 快很多。

使用 TCP 协议实现 RPC 通信的原理是到达对端后开始解析 RPC 协议，然后再使用反射技术进行动态调用业务方法。Dubbo 框架已经封装了整个 RPC 通信的过程，可以快速开发分布式系统。Dubbo 也称为 RPC 框架。

点对点的服务通信是 Dubbo 提供的基本能力，Dubbo 以 RPC 的方式将请求数据（Request）发送给后端服务，并接收服务端返回的计算结果（Response）。RPC 通信对用户来说是完全透明的，用户无须关心请求是如何发出去的、发到了哪里，每次调用只需要拿到正确的调用结果就行。同步的 Request-Response 是默认的通信模型，它最简单但却不能覆盖所有的场景。因此，Dubbo 提供更丰富的通信模型。

（1）消费端异步请求（Client Side Asynchronous Request-Response）。

（2）提供端异步执行（Server Side Asynchronous Request-Response）。

（3）消费端请求流（Request Streaming）。

（4）提供端响应流（Response Streaming）。

（5）双向流式通信（Bidirectional Streaming）。

6.1.8　集群和分布式的区别

集群和分布式的区别如下。

（1）集群：不同计算机运行的业务是一模一样的，计算机之间不需要通信，是独立的个体。

（2）分布式：不同计算机运行的业务是不相同的，计算机之间需要频繁通信，每个计算机是整个软件系统中的一个个体。

但分布式和集群却不是没有任何关系，比如在分布式系统中，如果频繁地访问订单业务，那么就要对订单业务进行集群化，形成分流，减少只访问一台订单业务服务器的压力，实现负载均衡，效果如图 6-7 所示。

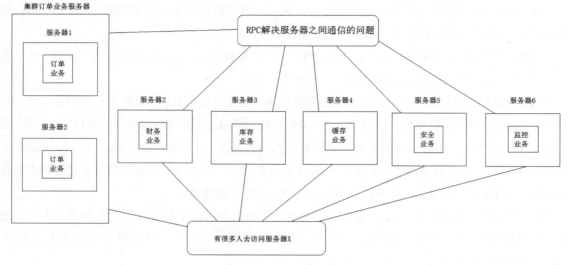

图 6-7　分布式中有集群

分布式中的每个节点有可能是集群架构。

分布式系统设计的本质就是如何合理地将一个大型系统拆分为多个子系统，再将这些子系统部署到不同的服务器上，但需要解决以下几个问题。

（1）怎样合理地拆分系统。

（2）每个子系统之间如何通信。

（3）通信过程中如何保证信息的安全。

（4）在业务不断增长的情况下如何灵活地扩展。

（5）如何保证子系统的可靠性和数据的最终一致性。

这5点都是实现分布式系统要首先考虑的问题，但很幸运的是，Dubbo框架已经把这些常见问题进行了处理，程序员只需要"拿来主义"，就可以快速开发基于分布式的业务系统，这些细节对程序员来讲是透明的，已经被Dubbo进行了封装。

6.1.9　Dubbo 中的五大核心组件

Dubbo具有五大核心组件。

（1）Provider：服务提供者，提供服务。

（2）Consumer：服务消费者，调用服务。

（3）Registry：注册中心，提供服务注册与服务发现。

（4）Monitor：监控中心，提供服务调用次数和调用时间等监控信息。

（5）Container：服务运行容器。

服务发现，即消费端自动发现服务地址列表的能力，是微服务框架需要具备的关键能力，借助于自动化的服务发现，微服务之间可以在无须感知对端部署位置与IP地址的情况下实现通信。

　　实现服务发现的方式有很多种，Dubbo 提供的是一种 Client-Based 的服务发现机制，通常还需要部署额外的第三方注册中心组件来协调服务发现过程，如常用的 Nacos、Consul、ZooKeeper等，Dubbo 自身也提供了对多种注册中心组件的对接，用户可以灵活选择。

　　服务发现的一个核心组件是注册中心，Provider 注册地址到注册中心，Consumer 从注册中心读取和订阅 Provider 地址列表。因此，要启用服务发现，需要为 Dubbo 增加注册中心配置。

```
# application.properties
dubbo
 registry
  address: zookeeper://127.0.0.1:2181
   Provider 将自身的信息注册到 ZooKeeper 中
```

　　Dubbo 工作流程如图 6-8 所示。

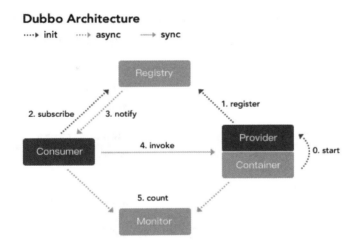

图 6-8　Dubbo 工作流程

　　通信过程分为以下 6 步。

　　（1）容器负责启动，加载，运行服务提供者。

　　（2）服务提供者在启动时向注册中心注册自己提供的服务。

　　（3）服务消费者在启动时向注册中心订阅自己所需的服务。

　　（4）注册中心返回服务提供者地址列表给服务消费者，如果有变更，注册中心将基于长连接推送变更数据给服务消费者。注册中心是 Dubbo 最为核心、基础及最重要的模块，它提供了服务注册与服务发现，将服务提供者的信息注册到注册中心中，将服务提供者与服务消费者的信息透明化，实现服务提供者与服务消费者的解耦。服务消费者只需要从注册中心获取服务提供者的信息，比如 ip 和 port，服务消费者就可以调用服务提供者的服务，如果服务提供者的信息发生更改，只需要刷新注册中心里的服务提供者信息，服务消费者就可以感应到这种改变。

　　（5）服务消费者从服务提供者地址列表中，会基于软负载均衡算法选择一台服务提供者进行调用，如果调用失败，再选另一台调用。

（6）服务消费者和服务提供者在内存中累计调用次数和调用时间，定时每分钟发送一次统计数据到监控中心。

6.2 使用服务注册和服务发现的必要性

服务注册就是将提供某个服务的模块信息（通常是这个服务的ip和port及业务接口信息）注册到1个公共的组件中（比如：zookeeper/consul/eureka/nacos）。

服务发现就是新注册的这个服务模块能够及时地被其他调用者发现，不管是服务新增还是服务删除，都能实现自动发现。

在分布式环境中，不同服务之间可以使用RPC进行通信，这就要求客户端需要持有服务端的ip和port等信息，以借助最原始的Socket技术实现RPC通信，效果如图6-9所示。

图6-9　客户端牢记服务端信息

一个客户端可以持有多个服务端的ip和port等信息。

客户端持有服务端的ip和port等信息，如果服务端的ip、port或其他信息发生更改时，需要以手动的方式将客户端持有的服务端信息进行同步更改，效果如图6-10所示。

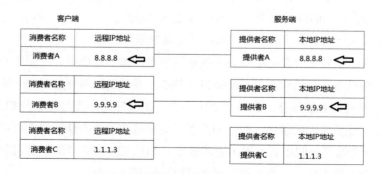

图6-10　客户端与服务端信息保持同步

但是如果服务端有很多服务提供者的相关信息被更改，这样以手动同步数据的方式非常不便于软件的扩展，客户端绑死了服务端的ip、port等其他信息，形成紧耦合。为了实现解耦的目的，可以在客户端与服务端之间添加一个"注册中心"的组件，效果如图 6-11 所示。

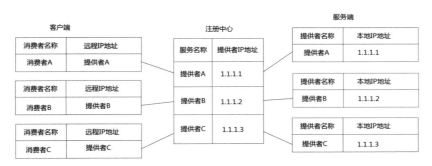

图 6-11　通过注册中心实现解耦

注册中心主要提供 2 个核心功能。

（1）服务注册：服务端将服务提供者的ip、port等信息注册到注册中心里，以进行服务的注册。

（2）服务发现：当客户端的服务消费者需要调用服务端的服务提供者时，首先到注册中心里查询服务提供者的ip和port等信息，这些信息可以在客户端进行本地缓存，并周期性地进行同步，如果服务端的ip和port等信息发生改变时同步到注册中心，服务消费者从注册中心里取得了服务提供者的最新信息，达到客户端与服务端信息的解耦，两端不再绑死，增加了软件的灵活性与扩展性。注册中心通过集群还可以实现高可用架构。在微服务架构中，使用注册中心是非常有必要的。

可以使用ZooKeeper作为注册中心。

第7章

Dubbo实战技能

本章介绍Dubbo的实战技能，这些内容都是Dubbo的高频使用点。

7.1　创建 my-parent 父模块

在 IDEA 中创建名称为 Dubbo3_Demo 的 Empty Project。

创建my-parent父模块，作用是管理公共的 Maven pom.xml 配置代码。

配置文件pom.xml代码如下。

```xml
<?xml version="1.0" encoding="UTF-8"?>

<project xmlns="http://maven.apache.org/POM/4.0.0" xmlns:xsi="http://www.
w3.org/2001/XMLSchema-instance"
        xsi:schemaLocation="http://maven.apache.org/POM/4.0.0 http://
maven.apache.org/xsd/maven-4.0.0.xsd">
    <modelVersion>4.0.0</modelVersion>

    <groupId>com.ghy.www</groupId>
    <artifactId>my-parent</artifactId>
    <version>1.0-RELEASE</version>
    <packaging>pom</packaging>

    <name>my-parent</name>
    <url>http://www.example.com</url>

    <properties>
        <project.build.sourceEncoding>UTF-8</project.build.
sourceEncoding>
        <project.reporting.outputEncoding>UTF-8</project.reporting.
outputEncoding>
        <maven.compiler.source>1.8</maven.compiler.source>
        <maven.compiler.target>1.8</maven.compiler.target>

        <spring-boot.version>2.6.3</spring-boot.version>
        <dubbo.version>3.0.5</dubbo.version>
        <nacos.version>2.0.4</nacos.version>
    </properties>

    <dependencyManagement>
    <dependencies>
        <!-- Spring Boot -->
```

```xml
        <dependency>
            <groupId>org.springframework.boot</groupId>
            <artifactId>spring-boot-dependencies</artifactId>
            <version>${spring-boot.version}</version>
            <type>pom</type>
            <scope>import</scope>
        </dependency>

        <!-- Apache Dubbo  -->
        <dependency>
            <groupId>org.apache.dubbo</groupId>
            <artifactId>dubbo-dependencies-bom</artifactId>
            <version>${dubbo.version}</version>
            <type>pom</type>
            <scope>import</scope>
        </dependency>
    </dependencies>
</dependencyManagement>

<dependencies>
    <dependency>
        <groupId>junit</groupId>
        <artifactId>junit</artifactId>
        <version>4.11</version>
        <scope>test</scope>
    </dependency>

    <!-- Dubbo Spring Boot Starter -->
    <dependency>
        <groupId>org.apache.dubbo</groupId>
        <artifactId>dubbo-spring-boot-starter</artifactId>
        <version>${dubbo.version}</version>
    </dependency>
</dependencies>

<build>
    <pluginManagement><!-- lock down plugins versions to avoid using
Maven defaults (may be moved to parent pom) -->
        <plugins>
            <!-- clean lifecycle, see https://maven.apache.org/ref/
current/maven-core/lifecycles.html#clean_Lifecycle -->
            <plugin>
```

```xml
                <artifactId>maven-clean-plugin</artifactId>
                <version>3.1.0</version>
            </plugin>
            <!-- default lifecycle, jar packaging: see https://maven.
apache.org/ref/current/maven-core/default-bindings.html#Plugin_bindings_
for_jar_packaging -->
            <plugin>
                <artifactId>maven-resources-plugin</artifactId>
                <version>3.0.2</version>
            </plugin>
            <plugin>
                <artifactId>maven-compiler-plugin</artifactId>
                <version>3.8.0</version>
            </plugin>
            <plugin>
                <artifactId>maven-surefire-plugin</artifactId>
                <version>2.22.1</version>
            </plugin>
            <plugin>
                <artifactId>maven-jar-plugin</artifactId>
                <version>3.0.2</version>
            </plugin>
            <plugin>
                <artifactId>maven-install-plugin</artifactId>
                <version>2.5.2</version>
            </plugin>
            <plugin>
                <artifactId>maven-deploy-plugin</artifactId>
                <version>2.8.2</version>
            </plugin>
            <!-- site lifecycle, see https://maven.apache.org/ref/
current/maven-core/lifecycles.html#site_Lifecycle -->
            <plugin>
                <artifactId>maven-site-plugin</artifactId>
                <version>3.7.1</version>
            </plugin>
            <plugin>
                <artifactId>maven-project-info-reports-plugin</
artifactId>
                <version>3.0.0</version>
            </plugin>
        </plugins>
```

```
        </pluginManagement>
    </build>
</project>
```

7.2 创建 my-api 模块

创建my-api模块，其作用是管理公共API。

配置文件pom.xml代码如下。

```xml
<?xml version="1.0" encoding="UTF-8"?>

<project xmlns="http://maven.apache.org/POM/4.0.0" xmlns:xsi="http://www.
w3.org/2001/XMLSchema-instance"
        xsi:schemaLocation="http://maven.apache.org/POM/4.0.0 http://
maven.apache.org/xsd/maven-4.0.0.xsd">
    <modelVersion>4.0.0</modelVersion>

    <artifactId>my-api</artifactId>
    <packaging>war</packaging>
    <name>my-api</name>
    <url>http://www.example.com</url>

    <parent>
        <artifactId>my-parent</artifactId>
        <groupId>com.ghy.www</groupId>
        <version>1.0-RELEASE</version>
        <relativePath>../my-parent/pom.xml</relativePath>
    </parent>
</project>
```

模块my-api的父模块是my-parent。

创建IService1 接口，代码如下。

```java
package com.ghy.www.api;

public interface IService1 {
    public String getHello(String username);
}
```

创建 IService2 接口，代码如下。

```
package com.ghy.www.api;

public interface IService2 {
    public String getHello(String username);
}
```

创建 IService3 接口，代码如下。

```
package com.ghy.www.api;

public interface IService3 {
    public String getHello(String username);
}
```

创建 IService4 接口，代码如下。

```
package com.ghy.www.api;

public interface IService4 {
    public String getHello(String username);
}
```

创建 IService5 接口，代码如下。

```
package com.ghy.www.api;

public interface IService5 {
    public String getHello(String username);
}
```

创建 IService6 接口，代码如下。

```
package com.ghy.www.api;

public interface IService6 {
    public String getHello(String username);
}
```

创建 IService7 接口，代码如下。

```
package com.ghy.www.api;

public interface IService7 {
    public String getHello(String username);
}
```

创建IService8接口，代码如下。

```
package com.ghy.www.api;

public interface IService8 {
    public String getHello(String username);
}
```

创建IService9接口，代码如下。

```
package com.ghy.www.api;

public interface IService9 {
    public String getHello(String username);
}
```

创建UserinfoDTO类，代码如下。

```
package com.ghy.www.dto;

import java.io.Serializable;
import java.util.Date;

public class UserinfoDTO implements Serializable {
    private int id;
    private String username;
    private String password;
    private int age;
    private Date insertdate;

    public UserinfoDTO() {
    }

    public int getId() {
        return id;
    }

    public void setId(int id) {
        this.id = id;
    }

    public String getUsername() {
        return username;
    }
```

```java
public void setUsername(String username) {
    this.username = username;
}

public String getPassword() {
    return password;
}

public void setPassword(String password) {
    this.password = password;
}

public int getAge() {
    return age;
}

public void setAge(int age) {
    this.age = age;
}

public Date getInsertdate() {
    return insertdate;
}

public void setInsertdate(Date insertdate) {
    this.insertdate = insertdate;
}
```

7.3 ┃ 使用 ZooKeeper 作为注册中心实现 RPC 通信

本节使用 ZooKeeper 作为注册中心实现 RPC 通信。

7.3.1　创建服务提供者模块

创建 my-zookeeper-provider 模块。
配置文件 pom.xml 代码如下。

```xml
<?xml version="1.0" encoding="UTF-8"?>

<project xmlns="http://maven.apache.org/POM/4.0.0" xmlns:xsi="http://www.
w3.org/2001/XMLSchema-instance"
        xsi:schemaLocation="http://maven.apache.org/POM/4.0.0 http://
maven.apache.org/xsd/maven-4.0.0.xsd">
    <modelVersion>4.0.0</modelVersion>

    <artifactId>my-zookeeper-provider</artifactId>
    <packaging>war</packaging>
    <name>my-zookeeper-provider Maven Webapp</name>
    <url>http://www.example.com</url>

    <parent>
        <artifactId>my-parent</artifactId>
        <groupId>com.ghy.www</groupId>
        <version>1.0-RELEASE</version>
        <relativePath>../my-parent/pom.xml</relativePath>
    </parent>

    <dependencies>
        <!-- Spring Boot dependencies -->
        <dependency>
            <groupId>org.springframework.boot</groupId>
            <artifactId>spring-boot-starter</artifactId>
        </dependency>

        <!-- Zookeeper dependencies -->
        <dependency>
            <groupId>org.apache.dubbo</groupId>
            <artifactId>dubbo-dependencies-zookeeper</artifactId>
            <version>${dubbo.version}</version>
            <type>pom</type>
        </dependency>

        <dependency>
            <groupId>com.ghy.www</groupId>
            <artifactId>my-api</artifactId>
            <version>1.0-RELEASE</version>
            <scope>compile</scope>
        </dependency>
    </dependencies>
```

```
</project>
```

　　业务类代码如下。

```
package com.ghy.www.my.zookeeper.provider.service;

import com.ghy.www.api.IService1;

public class HelloService1 implements IService1 {
    @Override
    public String getHello(String username) {
        return "hello1 " + username;
    }
}

package com.ghy.www.my.zookeeper.provider.service;

import com.ghy.www.api.IService2;

public class HelloService2 implements IService2 {
    @Override
    public String getHello(String username) {
        return "hello2 " + username;
    }
}
```

　　以上两个Java类是服务提供者提供的业务服务。

　　配置类代码如下。

```
package com.ghy.www.my.zookeeper.provider.javaconfig;

import com.ghy.www.my.zookeeper.provider.service.HelloService1;
import com.ghy.www.my.zookeeper.provider.service.HelloService2;
import org.apache.dubbo.config.annotation.DubboService;
import org.springframework.context.annotation.Bean;
import org.springframework.context.annotation.Configuration;

@Configuration
public class JavaConfigDubbo {
    @Bean
    @DubboService
    public HelloService1 getHelloService1() {
        return new HelloService1();
    }
```

```
    @Bean
    @DubboService
    public HelloService2 getHelloService2() {
        return new HelloService2();
    }
}
```

注解@DubboService代表使用注解@Bean实例化的业务类是Dubbo服务提供者提供的服务，并不仅仅是Spring容器中的Java对象，还要将这两个业务类的信息注册到application.yml配置文件中dubbo.registry.address属性指定的注册中心组件里。

配置文件application.yml代码如下。

```
# 应用名称
spring:
  application:
    name: my-zookeeper-provider

# 配置 dubbo
dubbo:
  registry:
    # 注册中心地址
    address: zookeeper://192.168.0.103
    port: 2181
  scan:
    base-packages: com.ghy.www.my.zookeeper.provider.service # 扫包
  provider:
    # 如果本机有多块网卡，明确服务提供者使用指定的 IP 地址，
    # 此 IP 地址会被注册到注册中心中，
    # 服务消费者根据此 IP 和服务提供者进行通信。
    host: 192.168.0.103
  application:
    logger: slf4j
```

运行类代码如下。

```
package com.ghy.www;

import org.springframework.boot.autoconfigure.SpringBootApplication;
import org.springframework.boot.builder.SpringApplicationBuilder;

@SpringBootApplication
public class Application {
    public static void main(String[] args) {
```

```
        new SpringApplicationBuilder(Application.class)
                .run(args);
    }
}
```

7.3.2　创建服务消费者模块

创建 my-zookeeper-consumer 模块。

配置文件 pom.xml 代码如下。

```xml
<?xml version="1.0" encoding="UTF-8"?>

<project xmlns="http://maven.apache.org/POM/4.0.0" xmlns:xsi="http://www.
w3.org/2001/XMLSchema-instance"
        xsi:schemaLocation="http://maven.apache.org/POM/4.0.0 http://
maven.apache.org/xsd/maven-4.0.0.xsd">
    <modelVersion>4.0.0</modelVersion>

    <artifactId>my-zookeeper-consumer</artifactId>
    <packaging>war</packaging>
    <name>my-zookeeper-consumer Maven Webapp</name>
    <url>http://www.example.com</url>

    <parent>
        <artifactId>my-parent</artifactId>
        <groupId>com.ghy.www</groupId>
        <version>1.0-RELEASE</version>
        <relativePath>../my-parent/pom.xml</relativePath>
    </parent>

    <dependencies>
        <!-- Spring Boot dependencies -->
        <dependency>
            <groupId>org.springframework.boot</groupId>
            <artifactId>spring-boot-starter</artifactId>
        </dependency>

        <dependency>
            <groupId>org.springframework.boot</groupId>
            <artifactId>spring-boot-starter-web</artifactId>
        </dependency>
```

```
        <!-- Zookeeper dependencies -->
        <dependency>
            <groupId>org.apache.dubbo</groupId>
            <artifactId>dubbo-dependencies-zookeeper</artifactId>
            <version>${dubbo.version}</version>
            <type>pom</type>
        </dependency>

        <dependency>
            <groupId>com.ghy.www</groupId>
            <artifactId>my-api</artifactId>
            <version>1.0-RELEASE</version>
            <scope>compile</scope>
        </dependency>
    </dependencies>
</project>
```

配置类代码如下。

```
package com.ghy.www.my.zookeeper.consumer.javaconfig;

import com.ghy.www.api.IService1;
import com.ghy.www.api.IService2;
import org.apache.dubbo.config.annotation.DubboReference;
import org.springframework.context.annotation.Configuration;

@Configuration
public class JavaConfigDubbo {
    @DubboReference
    private IService1 service1;

    @DubboReference
    private IService2 service2;
}
```

注解@DubboReference会从application.yml配置文件中的dubbo.registry.address注册中心里获取服务提供者的信息,然后在服务消费者模块创建远程调用代理对象,实现服务提供者和服务消费者之间的数据通信。

控制层代码如下。

```
package com.ghy.www.my.zookeeper.consumer.controller;

import com.ghy.www.api.IService1;
import com.ghy.www.api.IService2;
```

```java
import org.springframework.beans.factory.annotation.Autowired;
import org.springframework.web.bind.annotation.RequestMapping;
import org.springframework.web.bind.annotation.RestController;

@RestController
public class TestCcontroller {

    @Autowired
    private IService1 service1;

    @Autowired
    private IService2 service2;

    @RequestMapping("Test1")
    public String test1() {
        System.out.println("public String test1()");
        String helloString = service1.getHello("中国人1");
        return "返回信息: " + helloString;
    }

    @RequestMapping("Test2")
    public String test2() {
        System.out.println("public String test2()");
        String helloString = service2.getHello("中国人2");
        return "返回信息: " + helloString;
    }
}
```

配置文件 application.yml 代码如下。

```yaml
# 应用名称
spring:
  application:
    name: my-zookeeper-consumer

server:
  port: 8085

# 配置 dubbo
dubbo:
  registry:
    # 注册中心地址
    address: zookeeper://192.168.0.103
```

```
    port: 2181
application:
    logger: slf4j
```

运行类代码如下。

```
package com.ghy.www;

import org.springframework.boot.autoconfigure.SpringBootApplication;
import org.springframework.boot.builder.SpringApplicationBuilder;

@SpringBootApplication
public class Application {
    public static void main(String[] args) {
        new SpringApplicationBuilder(Application.class)
                .run(args);
    }
}
```

7.3.3　搭建 dubbo-admin 环境

（1）下载 dubbo-admin 源代码，如图 7-1 所示。

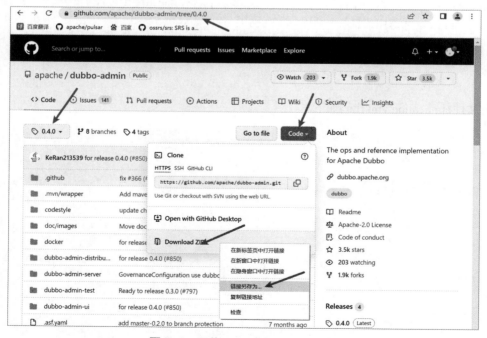

图 7-1　下载 dubbo-admin 源代码

（2）注意：如果 ZooKeeper 服务是直接运行在 Windows 10 操作系统，而不是 Linux 虚拟机中，则 ZooKeeper 的 Java Client 在连接 ZooKeeper Server 时耗时较长，最长卡顿达到 20 秒，所以需要编辑 C:\Windows\System32\drivers\etc\hosts 配置文件进行 IP 和域名的映射，如图 7-2 所示。

图 7-2　添加映射

然后执行如下命令刷新系统环境。

```
ipconfig /flushdns
```

注意：如果 hosts 文件是只读的，不能编辑，可以先把 hosts 文件复制到桌面再编辑，最后再粘贴回去，替换原文件就可以了。

如果 ZooKeeper 运行在 Linux 虚拟机中，则不需要配置本章的步骤。

（3）编辑配置文件 dubbo-admin-server/src/main/resources/application.properties，指定注册中心地址，如图 7-3 所示。

```
# centers in dubbo2.7, if you want to add parameters, please add them to the url
admin.registry.address=zookeeper://myzookeeper:2181
admin.config-center=zookeeper://myzookeeper:2181
admin.metadata-report.address=zookeeper://myzookeeper:2181

#手动添加的配置
server.port=8088

#手动添加的配置
dubbo.registry.register=false

#更改端口，防止占用20880端口
dubbo.protocol.port=20481
```

图 7-3　指定注册中心地址和添加 server.port 配置

配置 dubbo.registry.register=false 的作用是，dubbo-admin 启动时不向 ZooKeeper 中注册 org.apache.dubbo.mock.api.MockService 服务。

图 7-3 中演示的是 ZooKeeper 直接运行在 Windows 10 操作系统中的配置。

注意：笔者的 ZooKeeper 是运行在 Linux 虚拟机中，所以配置如下。

```
admin.registry.address=zookeeper://192.168.0.103:2181
admin.config-center=zookeeper://192.168.0.103:2181
admin.metadata-report.address=zookeeper://192.168.0.103:2181
```

```
# 手动添加的配置
server.port=8088

# 手动添加的配置
dubbo.registry.register=false

# 更改端口，防止占用 20880 端口
dubbo.protocol.port=20481
```

笔者的VirtualBox虚拟机使用的网络模式为NAT。

（4）在文件夹dubbo-admin-0.4.0中执行如下命令开始构建项目，因为该文件夹中有pom.xml配置文件。

```
mvn clean package -Dmaven.test.skip=true
```

（5）在文件夹dubbo-admin-0.4.0中执行如下命令开始启动dubbo-admin项目。

```
mvn --projects dubbo-admin-server spring-boot:run
```

（6）执行如下网址。

```
http://localhost:8088
```

显示界面如图 7-4 所示。

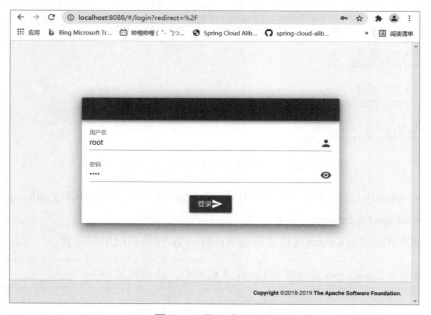

图 7-4　显示登录界面

（7）用户名和密码均为root，点击"登录"按钮进行登录，成功后显示界面如图 7-5 所示。

148

图 7-5　没有任何服务注册进 ZooKeeper 中

查询结果列表为空，因为没有任何服务提供者注册进 ZooKeeper 中。

注意：dubbo-admin 组件不启动时不会影响提供者和消费者之间的通信，dubbo-admin 组件的作用仅仅是以图形化界面的方式查看服务状态相关的信息。

7.3.4　运行效果

（1）启动服务提供者，dubbo-admin 中出现服务提供者列表，如图 7-6 所示。

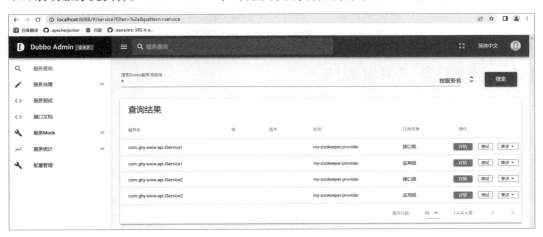

图 7-6　服务提供者注册进 ZooKeeper 中

（2）启动服务消费者。

（3）分别执行网址：

```
http://localhost:8085/Test1
```

和

```
http://localhost:8085/Test2
```

控制台输出结果如图 7-7 所示。

图 7-7　成功实现RPC通信

7.4　直连提供者

直连提供者是 Dubbo 中的"点对点"的直连方式。在开发及测试环境下，经常需要绕过注册中心，只测试指定服务提供者，这时候可能需要点对点直连。点对点直连方式将以服务接口为单位，忽略注册中心的服务提供者列表。

Consumer 服务消费者可以直接连接到 Provider 服务提供者，也就是点对点直连接，代码结构也比较简单。绕过 Registry 注册中心，保障了运行效率，在场景简单的情况下可以这样调用，或者在开发过程中使用，生产时不要使用，需要结合注册中心模块使用。

7.4.1　创建服务提供者模块

创建 my-direct-provider 模块。

配置文件 pom.xml 代码如下。

```xml
<?xml version="1.0" encoding="UTF-8"?>

<project xmlns="http://maven.apache.org/POM/4.0.0" xmlns:xsi="http://www.
w3.org/2001/XMLSchema-instance"
         xsi:schemaLocation="http://maven.apache.org/POM/4.0.0 http://
maven.apache.org/xsd/maven-4.0.0.xsd">
    <modelVersion>4.0.0</modelVersion>

    <artifactId>my-direct-provider</artifactId>
    <packaging>war</packaging>
    <name>my-direct-provider Maven Webapp</name>
    <url>http://www.example.com</url>
```

```xml
    <parent>
        <artifactId>my-parent</artifactId>
        <groupId>com.ghy.www</groupId>
        <version>1.0-RELEASE</version>
        <relativePath>../my-parent/pom.xml</relativePath>
    </parent>

    <dependencies>
        <!-- Spring Boot dependencies -->
        <dependency>
            <groupId>org.springframework.boot</groupId>
            <artifactId>spring-boot-starter</artifactId>
        </dependency>

        <!-- Zookeeper dependencies -->
        <dependency>
            <groupId>org.apache.dubbo</groupId>
            <artifactId>dubbo-dependencies-zookeeper</artifactId>
            <version>${dubbo.version}</version>
            <type>pom</type>
        </dependency>

        <dependency>
            <groupId>com.ghy.www</groupId>
            <artifactId>my-api</artifactId>
            <version>1.0-RELEASE</version>
            <scope>compile</scope>
        </dependency>
    </dependencies>
</project>
```

配置类代码如下。

```java
package com.ghy.www.my.direct.provider.javaconfig;

import com.ghy.www.my.direct.provider.service.HelloService1;
import com.ghy.www.my.direct.provider.service.HelloService2;
import org.apache.dubbo.config.annotation.DubboService;
import org.springframework.context.annotation.Bean;
import org.springframework.context.annotation.Configuration;

@Configuration
public class JavaConfigDubbo {
```

```
    @Bean
    @DubboService
    public HelloService1 getHelloService1() {
        return new HelloService1();
    }

    @Bean
    @DubboService
    public HelloService2 getHelloService2() {
        return new HelloService2();
    }
}
```

业务类代码如下。

```
package com.ghy.www.my.direct.provider.service;

import com.ghy.www.api.IService1;

public class HelloService1 implements IService1 {
    @Override
    public String getHello(String username) {
        return "hello1 " + username;
    }
}

package com.ghy.www.my.direct.provider.service;

import com.ghy.www.api.IService2;

public class HelloService2 implements IService2 {
    @Override
    public String getHello(String username) {
        return "hello2 " + username;
    }
}
```

配置文件application.yml代码如下。

```
# 应用名称
spring:
  application:
    name: my-direct-provider
```

```
# 配置 dubbo
dubbo:
  registry:
    # 注册中心地址
    address: zookeeper://192.168.0.103
    port: 2181
  scan:
    base-packages: com.ghy.www.my.direct.provider.service # 扫包
  protocol:
    port: 20898 # 服务消费者连接到此端口实现 RPC 直连接
  provider:
    host: 192.168.0.103
  application:
    logger: slf4j
```

运行类代码如下。

```
package com.ghy.www;

import org.springframework.boot.autoconfigure.SpringBootApplication;
import org.springframework.boot.builder.SpringApplicationBuilder;

@SpringBootApplication
public class Application {
    public static void main(String[] args) {
        new SpringApplicationBuilder(Application.class)
                .run(args);
    }
}
```

7.4.2　创建服务消费者模块

创建 my-direct-consumer 模块。

配置文件 pom.xml 代码如下。

```
<?xml version="1.0" encoding="UTF-8"?>

<project xmlns="http://maven.apache.org/POM/4.0.0" xmlns:xsi="http://www.
w3.org/2001/XMLSchema-instance"
        xsi:schemaLocation="http://maven.apache.org/POM/4.0.0 http://
maven.apache.org/xsd/maven-4.0.0.xsd">
    <modelVersion>4.0.0</modelVersion>
```

```xml
    <artifactId>my-direct-consumer</artifactId>
    <packaging>war</packaging>
    <name>my-direct-consumer Maven Webapp</name>
    <url>http://www.example.com</url>

    <parent>
        <artifactId>my-parent</artifactId>
        <groupId>com.ghy.www</groupId>
        <version>1.0-RELEASE</version>
        <relativePath>../my-parent/pom.xml</relativePath>
    </parent>

    <dependencies>
        <!-- Spring Boot dependencies -->
        <dependency>
            <groupId>org.springframework.boot</groupId>
            <artifactId>spring-boot-starter</artifactId>
        </dependency>

        <dependency>
            <groupId>org.springframework.boot</groupId>
            <artifactId>spring-boot-starter-web</artifactId>
        </dependency>

        <dependency>
            <groupId>com.ghy.www</groupId>
            <artifactId>my-api</artifactId>
            <version>1.0-RELEASE</version>
            <scope>compile</scope>
        </dependency>
    </dependencies>
</project>
```

配置类代码如下。

```java
package com.ghy.www.my.direct.consumer.javaconfig;

import com.ghy.www.api.IService1;
import com.ghy.www.api.IService2;
import org.apache.dubbo.config.annotation.DubboReference;
import org.springframework.context.annotation.Configuration;
```

```
@Configuration
public class JavaConfigDubbo {
    @DubboReference(interfaceName = "com.ghy.www.api.IService1", url =
"dubbo://192.168.0.103:20898")
    private IService1 service1;

    @DubboReference(interfaceName = "com.ghy.www.api.IService2", url =
"dubbo://192.168.0.103:20898")
    private IService2 service2;
}
```

　　服务消费者采用 IP 和 PORT(20898) 的形式，绕过注册中心直接连接服务提供者进行 RPC 通信。
控制层代码如下。

```
package com.ghy.www.my.direct.consumer.controller;

import com.ghy.www.api.IService1;
import com.ghy.www.api.IService2;
import org.springframework.beans.factory.annotation.Autowired;
import org.springframework.web.bind.annotation.RequestMapping;
import org.springframework.web.bind.annotation.RestController;

@RestController
public class TestCcontroller {

    @Autowired
    private IService1 service1;

    @Autowired
    private IService2 service2;

    @RequestMapping("Test1")
    public String test1() {
        System.out.println("public String test1()");
        String helloString = service1.getHello(" 中国人 1");
        return " 返回信息: " + helloString;
    }

    @RequestMapping("Test2")
    public String test2() {
        System.out.println("public String test2()");
        String helloString = service2.getHello(" 中国人 2");
```

```
        return "返回信息: " + helloString;
    }
}
```

配置文件application.yml代码如下。

```
# 应用名称
spring:
  application:
    name: my-direct-consumer

server:
  port: 8085
# 配置dubbo
dubbo:
  application:
    logger: slf4j
```

运行类代码如下。

```
package com.ghy.www;

import org.springframework.boot.autoconfigure.SpringBootApplication;
import org.springframework.boot.builder.SpringApplicationBuilder;

@SpringBootApplication
public class Application {
    public static void main(String[] args) {
        new SpringApplicationBuilder(Application.class)
                .run(args);
    }
}
```

7.4.3 运行效果

（1）启动服务提供者。
（2）启动服务消费者。
（3）分别执行网址：

```
http://localhost:8085/Test1
```

和

```
http://localhost:8085/Test2
```

控制台输出结果如图 7-8 所示。

图 7-8　成功实现 RPC 通信

7.5　隐式参数

隐式参数是在服务提供者和服务消费者之间隐式传递的参数,并不在 API 中体现出来。

注意:隐式参数以 key-value 组织数据值,而 key 的值不能是 path、group、version、dubbo、token、timeout,因为它们是保留的,请使用其他值。

7.5.1　创建服务提供者模块

创建 my-implicit-parameters-provider 模块。

配置文件 pom.xml 代码如下。

```xml
<?xml version="1.0" encoding="UTF-8"?>

<project xmlns="http://maven.apache.org/POM/4.0.0" xmlns:xsi="http://www.
w3.org/2001/XMLSchema-instance"
        xsi:schemaLocation="http://maven.apache.org/POM/4.0.0 http://
maven.apache.org/xsd/maven-4.0.0.xsd">
    <modelVersion>4.0.0</modelVersion>

    <artifactId>my-implicit-parameters-provider</artifactId>
    <packaging>war</packaging>
    <name>my-implicit-parameters-provider Maven Webapp</name>
    <url>http://www.example.com</url>

    <parent>
        <artifactId>my-parent</artifactId>
```

```
            <groupId>com.ghy.www</groupId>
            <version>1.0-RELEASE</version>
            <relativePath>../my-parent/pom.xml</relativePath>
    </parent>

    <dependencies>
        <!-- Spring Boot dependencies -->
        <dependency>
            <groupId>org.springframework.boot</groupId>
            <artifactId>spring-boot-starter</artifactId>
        </dependency>

        <!-- Zookeeper dependencies -->
        <dependency>
            <groupId>org.apache.dubbo</groupId>
            <artifactId>dubbo-dependencies-zookeeper</artifactId>
            <version>${dubbo.version}</version>
            <type>pom</type>
        </dependency>

        <dependency>
            <groupId>com.ghy.www</groupId>
            <artifactId>my-api</artifactId>
            <version>1.0-RELEASE</version>
            <scope>compile</scope>
        </dependency>
    </dependencies>
</project>
```

配置类代码如下。

```
package com.ghy.www.my.implicit.parameters.provider.javaconfig;

import com.ghy.www.my.implicit.parameters.provider.service.HelloService1;
import org.apache.dubbo.config.annotation.DubboService;
import org.springframework.context.annotation.Bean;
import org.springframework.context.annotation.Configuration;

@Configuration
public class JavaConfigDubbo {
    @Bean
    @DubboService
    public HelloService1 getHelloService1() {
```

```
        return new HelloService1();
    }
}
```

业务类代码如下。

```
package com.ghy.www.my.implicit.parameters.provider.service;

import com.ghy.www.api.IService1;
import com.ghy.www.dto.UserinfoDTO;
import org.apache.dubbo.rpc.RpcContext;

public class HelloService1 implements IService1 {
    @Override
    public String getHello(String username) {
        UserinfoDTO userinfoDTO = (UserinfoDTO) RpcContext.
getServiceContext().getObjectAttachment("myUserinfoDTO");
        System.out.println(userinfoDTO.getId() + " " + userinfoDTO.
getUsername() + " " + userinfoDTO.getPassword() + " " + userinfoDTO.
getAge() + " " + userinfoDTO.getInsertdate());
        return "hello1 " + username;
    }
}
```

使用如下代码获得隐式参数。

```
RpcContext.getServiceContext().getObjectAttachment("myUserinfoDTO");
```

配置文件application.yml代码如下。

```
# 应用名称
spring:
  application:
    name: my-implicit-parameters-provider

# 配置 dubbo
dubbo:
  registry:
    # 注册中心地址
    address: zookeeper://192.168.0.103
    port: 2181
  scan:
    base-packages: com.ghy.www.my.implicit.parameters.provider.service #
扫包
  provider:
```

```
    host: 192.168.0.103
  application:
    logger: slf4j
```

运行类代码如下。

```java
package com.ghy.www;

import org.springframework.boot.autoconfigure.SpringBootApplication;
import org.springframework.boot.builder.SpringApplicationBuilder;

@SpringBootApplication
public class Application {
    public static void main(String[] args) {
        new SpringApplicationBuilder(Application.class)
                .run(args);
    }
}
```

7.5.2 创建服务消费者模块

创建my-implicit-parameters-consumer模块。

配置文件pom.xml代码如下。

```xml
<?xml version="1.0" encoding="UTF-8"?>

<project xmlns="http://maven.apache.org/POM/4.0.0" xmlns:xsi="http://www.
w3.org/2001/XMLSchema-instance"
        xsi:schemaLocation="http://maven.apache.org/POM/4.0.0 http://
maven.apache.org/xsd/maven-4.0.0.xsd">
    <modelVersion>4.0.0</modelVersion>

    <artifactId>my-implicit-parameters-consumer</artifactId>
    <packaging>war</packaging>
    <name>my-implicit-parameters-consumer Maven Webapp</name>
    <url>http://www.example.com</url>

    <parent>
        <artifactId>my-parent</artifactId>
        <groupId>com.ghy.www</groupId>
        <version>1.0-RELEASE</version>
        <relativePath>../my-parent/pom.xml</relativePath>
```

```xml
    </parent>

    <dependencies>
        <!-- Spring Boot dependencies -->
        <dependency>
            <groupId>org.springframework.boot</groupId>
            <artifactId>spring-boot-starter</artifactId>
        </dependency>

        <dependency>
            <groupId>org.springframework.boot</groupId>
            <artifactId>spring-boot-starter-web</artifactId>
        </dependency>

        <!-- Zookeeper dependencies -->
        <dependency>
            <groupId>org.apache.dubbo</groupId>
            <artifactId>dubbo-dependencies-zookeeper</artifactId>
            <version>${dubbo.version}</version>
            <type>pom</type>
        </dependency>

        <dependency>
            <groupId>com.ghy.www</groupId>
            <artifactId>my-api</artifactId>
            <version>1.0-RELEASE</version>
            <scope>compile</scope>
        </dependency>
    </dependencies>
</project>
```

配置类代码如下。

```java
package com.ghy.www.my.implicit.parameters.consumer.javaconfig;

import com.ghy.www.api.IService1;
import org.apache.dubbo.config.annotation.DubboReference;
import org.springframework.context.annotation.Configuration;

@Configuration
public class JavaConfigDubbo {
    @DubboReference
    private IService1 service1;
```

```
}
```

控制层代码如下。

```
package com.ghy.www.my.implicit.parameters.consumer.controller;

import com.ghy.www.api.IService1;
import com.ghy.www.dto.UserinfoDTO;
import org.apache.dubbo.rpc.RpcContext;
import org.springframework.beans.factory.annotation.Autowired;
import org.springframework.web.bind.annotation.RequestMapping;
import org.springframework.web.bind.annotation.RestController;

import java.util.Date;

@RestController
public class TestCcontroller {

    @Autowired
    private IService1 service1;

    @RequestMapping("Test1")
    public String test1() {
        System.out.println("public String test1()");
        UserinfoDTO userinfoDTO = new UserinfoDTO();
        userinfoDTO.setId(100);
        userinfoDTO.setUsername("中国");
        userinfoDTO.setPassword("中国人");
        userinfoDTO.setAge(100);
        userinfoDTO.setInsertdate(new Date());

        RpcContext.getServiceContext().setObjectAttachment("myUserinfo
DTO", userinfoDTO);
        String helloString = service1.getHello("中国人1");
        return "返回信息: " + helloString;
    }
}
```

使用如下代码传递隐式参数。

```
RpcContext.getServiceContext().setObjectAttachment("myUserinfoDTO",
userinfoDTO);
```

配置文件application.yml代码如下。

```
# 应用名称
spring:
  application:
    name: my-implicit-parameters-consumer

server:
  port: 8085

# 配置 dubbo
dubbo:
  registry:
    # 注册中心地址
    address: zookeeper://192.168.0.103
    port: 2181
  application:
    logger: slf4j
```

运行类代码如下。

```java
package com.ghy.www;

import org.springframework.boot.autoconfigure.SpringBootApplication;
import org.springframework.boot.builder.SpringApplicationBuilder;

@SpringBootApplication
public class Application {
    public static void main(String[] args) {
        new SpringApplicationBuilder(Application.class)
                .run(args);
    }
}
```

7.5.3　运行效果

（1）启动服务提供者。

（2）启动服务消费者。

（3）执行网址：

```
http://localhost:8085/Test1
```

控制台输出结果如图 7-9 所示。

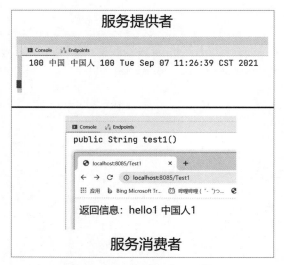

图 7-9　成功实现RPC通信

服务消费者向服务提供者传递隐式参数，服务提供者接收隐式参数并进行下一步的处理。

7.6　服务分组

服务分组group用来区分服务接口的不同实现。当一个接口有多种实现时，可以使用group进行区分。

7.6.1　创建服务提供者模块

创建my-servicegroup-provider模块。

配置文件pom.xml代码如下。

```xml
<?xml version="1.0" encoding="UTF-8"?>
<project xmlns="http://maven.apache.org/POM/4.0.0" xmlns:xsi="http://www.
w3.org/2001/XMLSchema-instance"
        xsi:schemaLocation="http://maven.apache.org/POM/4.0.0 http://
maven.apache.org/xsd/maven-4.0.0.xsd">
    <modelVersion>4.0.0</modelVersion>

    <artifactId>my-servicegroup-provider</artifactId>
    <packaging>war</packaging>
    <name>my-servicegroup-provider Maven Webapp</name>
    <url>http://www.example.com</url>
```

```xml
    <parent>
        <artifactId>my-parent</artifactId>
        <groupId>com.ghy.www</groupId>
        <version>1.0-RELEASE</version>
        <relativePath>../my-parent/pom.xml</relativePath>
    </parent>

    <dependencies>
        <!-- Spring Boot dependencies -->
        <dependency>
            <groupId>org.springframework.boot</groupId>
            <artifactId>spring-boot-starter</artifactId>
        </dependency>

        <!-- Zookeeper dependencies -->
        <dependency>
            <groupId>org.apache.dubbo</groupId>
            <artifactId>dubbo-dependencies-zookeeper</artifactId>
            <version>${dubbo.version}</version>
            <type>pom</type>
        </dependency>

        <dependency>
            <groupId>com.ghy.www</groupId>
            <artifactId>my-api</artifactId>
            <version>1.0-RELEASE</version>
            <scope>compile</scope>
        </dependency>
    </dependencies>
</project>
```

配置类代码如下。

```java
package com.ghy.www.my.servicegroup.provider.javaconfig;

import com.ghy.www.my.servicegroup.provider.service.HelloService1_A;
import com.ghy.www.my.servicegroup.provider.service.HelloService1_B;
import org.apache.dubbo.config.annotation.DubboService;
import org.springframework.context.annotation.Bean;
import org.springframework.context.annotation.Configuration;

@Configuration
public class JavaConfigDubbo {
```

```
//group值IServer1_A代表HelloService1_A类是IService1接口的其中一个实现类
@Bean
@DubboService(group = "IServer1_A")
public HelloService1_A getHelloService1() {
    return new HelloService1_A();
}

//group值IServer1_B代表HelloService1_B类是IService1接口的其中一个实现类
@Bean
@DubboService(group = "IServer1_B")
public HelloService1_B getHelloService2() {
    return new HelloService1_B();
}

// 使用group来标识出实现同一个接口的不同实现类
// 相当于使用group属性给实现类起了一个别名
}
```

业务类代码如下。

```
package com.ghy.www.my.servicegroup.provider.service;

import com.ghy.www.api.IService1;

public class HelloService1_A implements IService1 {
    @Override
    public String getHello(String username) {
        return "helloA " + username;
    }
}

package com.ghy.www.my.servicegroup.provider.service;

import com.ghy.www.api.IService1;

public class HelloService1_B implements IService1 {
    @Override
    public String getHello(String username) {
        return "helloB " + username;
    }
}
```

配置文件application.yml代码如下。

166

```
# 应用名称
spring:
  application:
    name: my-servicegroup-provider

# 配置 dubbo
dubbo:
  registry:
    # 注册中心地址
    address: zookeeper://192.168.0.103
    port: 2181
  scan:
    base-packages: com.ghy.www.my.servicegroup.provider.service # 扫包
  provider:
    host: 192.168.0.103
  application:
    logger: slf4j
```

运行类代码如下。

```
package com.ghy.www;

import org.springframework.boot.autoconfigure.SpringBootApplication;
import org.springframework.boot.builder.SpringApplicationBuilder;

@SpringBootApplication
public class Application {
    public static void main(String[] args) {
        new SpringApplicationBuilder(Application.class)
                .run(args);
    }
}
```

7.6.2　创建服务消费者模块

创建 my-servicegroup-consumer 模块。

配置文件 pom.xml 代码如下。

```
<?xml version="1.0" encoding="UTF-8"?>

<project xmlns="http://maven.apache.org/POM/4.0.0" xmlns:xsi="http://www.
w3.org/2001/XMLSchema-instance"
        xsi:schemaLocation="http://maven.apache.org/POM/4.0.0 http://
```

```xml
maven.apache.org/xsd/maven-4.0.0.xsd">
    <modelVersion>4.0.0</modelVersion>

    <artifactId>my-servicegroup-consumer</artifactId>
    <packaging>war</packaging>
    <name>my-servicegroup-consumer Maven Webapp</name>
    <url>http://www.example.com</url>

    <parent>
        <artifactId>my-parent</artifactId>
        <groupId>com.ghy.www</groupId>
        <version>1.0-RELEASE</version>
        <relativePath>../my-parent/pom.xml</relativePath>
    </parent>

    <dependencies>
        <!-- Spring Boot dependencies -->
        <dependency>
            <groupId>org.springframework.boot</groupId>
            <artifactId>spring-boot-starter</artifactId>
        </dependency>

        <dependency>
            <groupId>org.springframework.boot</groupId>
            <artifactId>spring-boot-starter-web</artifactId>
        </dependency>

        <!-- Zookeeper dependencies -->
        <dependency>
            <groupId>org.apache.dubbo</groupId>
            <artifactId>dubbo-dependencies-zookeeper</artifactId>
            <version>${dubbo.version}</version>
            <type>pom</type>
        </dependency>

        <dependency>
            <groupId>com.ghy.www</groupId>
            <artifactId>my-api</artifactId>
            <version>1.0-RELEASE</version>
            <scope>compile</scope>
        </dependency>
    </dependencies>
</project>
```

配置类代码如下。

```java
package com.ghy.www.my.servicegroup.consumer.javaconfig;

import com.ghy.www.api.IService1;
import org.apache.dubbo.config.annotation.DubboReference;
import org.springframework.context.annotation.Bean;
import org.springframework.context.annotation.Configuration;

@Configuration
public class JavaConfigDubbo {
    // 引用别名为 IServer1_A 的 IService1 接口的实现类
    @DubboReference(group = "IServer1_A")
    private IService1 service1;

    // 引用别名为 IServer1_B 的 IService1 接口的实现类
    @DubboReference(group = "IServer1_B")
    private IService1 service2;

    // 再另起别名 a，在控制层中引用别名 a 的对象
    @Bean("a")
    public IService1 getService1() {
        return service1;
    }

    // 再另起别名 b，在控制层中引用别名 b 的对象
    @Bean("b")
    public IService1 getService2() {
        return service2;
    }
}
```

控制层代码如下。

```java
package com.ghy.www.my.servicegroup.consumer.controller;

import com.ghy.www.api.IService1;
import org.springframework.beans.factory.annotation.Autowired;
import org.springframework.beans.factory.annotation.Qualifier;
import org.springframework.web.bind.annotation.RequestMapping;
import org.springframework.web.bind.annotation.RestController;

@RestController
public class TestCcontroller {
    @Autowired
```

```
    @Qualifier("a")
    private IService1 service1_1;

    @Autowired
    @Qualifier("b")
    private IService1 service1_2;

    @RequestMapping("Test1")
    public String test1() {
        System.out.println("public String test1()");
        String helloString = service1_1.getHello("中国人1");
        return "返回信息: " + helloString;
    }

    @RequestMapping("Test2")
    public String test2() {
        System.out.println("public String test2()");
        String helloString = service1_2.getHello("中国人2");
        return "返回信息: " + helloString;
    }
}
```

配置文件application.yml代码如下。

```
# 应用名称
spring:
  application:
    name: my-servicegroup-consumer

server:
  port: 8085

# 配置dubbo
dubbo:
  registry:
    # 注册中心地址
    address: zookeeper://192.168.0.103
    port: 2181
  application:
    logger: slf4j
```

运行类代码如下。

```
package com.ghy.www;
```

```
import org.springframework.boot.autoconfigure.SpringBootApplication;
import org.springframework.boot.builder.SpringApplicationBuilder;

@SpringBootApplication
public class Application {
    public static void main(String[] args) {
        new SpringApplicationBuilder(Application.class)
                .run(args);
    }
}
```

7.6.3　运行效果

（1）启动服务提供者。

（2）启动服务消费者。

（3）分别执行网址：

```
http://localhost:8085/Test1
```

　和

```
http://localhost:8085/Test2
```

控制台输出结果如图 7-10 所示。

图 7-10　成功实现 RPC 通信

7.7 多版本

在Dubbo中可以为同一个服务配置多个版本。

一个接口可以有多个实现类，使用group可以注入指定的实现类。而如果某一个实现类有多种实现的方式，则可以在使用group属性的基础上再结合version属性进行识别。说明如图7-11所示。

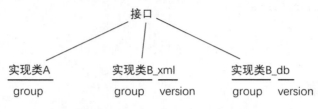

图7-11 group和version结合使用

7.7.1 创建服务提供者模块

创建my-multiple-versions-provider模块。

配置文件pom.xml代码如下。

```xml
<?xml version="1.0" encoding="UTF-8"?>

<project xmlns="http://maven.apache.org/POM/4.0.0" xmlns:xsi="http://www.
w3.org/2001/XMLSchema-instance"
        xsi:schemaLocation="http://maven.apache.org/POM/4.0.0 http://
maven.apache.org/xsd/maven-4.0.0.xsd">
    <modelVersion>4.0.0</modelVersion>

    <artifactId>my-multiple-versions-provider</artifactId>
    <packaging>war</packaging>
    <name>my-multiple-versions-provider Maven Webapp</name>
    <url>http://www.example.com</url>

    <parent>
        <artifactId>my-parent</artifactId>
        <groupId>com.ghy.www</groupId>
        <version>1.0-RELEASE</version>
        <relativePath>../my-parent/pom.xml</relativePath>
    </parent>

    <dependencies>
        <!-- Spring Boot dependencies -->
```

```xml
        <dependency>
            <groupId>org.springframework.boot</groupId>
            <artifactId>spring-boot-starter</artifactId>
        </dependency>

        <!-- Zookeeper dependencies -->
        <dependency>
            <groupId>org.apache.dubbo</groupId>
            <artifactId>dubbo-dependencies-zookeeper</artifactId>
            <version>${dubbo.version}</version>
            <type>pom</type>
        </dependency>

        <dependency>
            <groupId>com.ghy.www</groupId>
            <artifactId>my-api</artifactId>
            <version>1.0-RELEASE</version>
            <scope>compile</scope>
        </dependency>
    </dependencies>
</project>
```

配置类代码如下。

```java
package com.ghy.www.my.multiple.versions.provider.javaconfig;

import com.ghy.www.my.multiple.versions.provider.service.HelloService1_A;
import com.ghy.www.my.multiple.versions.provider.service.HelloService1_B_1;
import com.ghy.www.my.multiple.versions.provider.service.HelloService1_B_2;
import org.apache.dubbo.config.annotation.DubboService;
import org.springframework.context.annotation.Bean;
import org.springframework.context.annotation.Configuration;

@Configuration
public class JavaConfigDubbo {
    @Bean
    @DubboService(group = "IServer1_A")
    public HelloService1_A getHelloService1() {
        return new HelloService1_A();
    }
```

```
    // 使用 version 属性制定实现类的版本
    @Bean
    @DubboService(group = "IServer1_B_1", version = "IServer1_B_1.0")
    public HelloService1_B_1 getHelloService1_B_1() {
        return new HelloService1_B_1();
    }

    @Bean
    @DubboService(group = "IServer1_B_2", version = "IServer1_B_2.0")
    public HelloService1_B_2 getHelloService1_B_2() {
        return new HelloService1_B_2();
    }
}
```

业务类代码如下。

```
package com.ghy.www.my.multiple.versions.provider.service;

import com.ghy.www.api.IService1;

public class HelloService1_A implements IService1 {
    @Override
    public String getHello(String username) {
        return "helloA " + username;
    }
}

package com.ghy.www.my.multiple.versions.provider.service;

import com.ghy.www.api.IService1;

public class HelloService1_B_1 implements IService1 {
    @Override
    public String getHello(String username) {
        return "helloB_1 " + username;
    }
}

package com.ghy.www.my.multiple.versions.provider.service;

import com.ghy.www.api.IService1;

public class HelloService1_B_2 implements IService1 {
```

```java
    @Override
    public String getHello(String username) {
        return "helloB_2 " + username;
    }
}
```

配置文件application.yml代码如下。

```yaml
# 应用名称
spring:
  application:
    name: my-multiple-versions-provider

# 配置 dubbo
dubbo:
  registry:
    # 注册中心地址
    address: zookeeper://192.168.0.103
    port: 2181
  scan:
    base-packages: com.ghy.www.my.servicegroup.provider.service # 扫包
  provider:
    host: 192.168.0.103
  application:
    logger: slf4j
```

运行类代码如下。

```java
package com.ghy.www;

import org.springframework.boot.autoconfigure.SpringBootApplication;
import org.springframework.boot.builder.SpringApplicationBuilder;

@SpringBootApplication
public class Application {
    public static void main(String[] args) {
        new SpringApplicationBuilder(Application.class)
                .run(args);
    }
}
```

7.7.2 创建服务消费者模块

创建my-multiple-versions-consumer模块。

配置文件pom.xml代码如下。

```xml
<?xml version="1.0" encoding="UTF-8"?>

<project xmlns="http://maven.apache.org/POM/4.0.0" xmlns:xsi="http://www.
w3.org/2001/XMLSchema-instance"
         xsi:schemaLocation="http://maven.apache.org/POM/4.0.0 http://
maven.apache.org/xsd/maven-4.0.0.xsd">
    <modelVersion>4.0.0</modelVersion>

    <artifactId>my-multiple-versions-consumer</artifactId>
    <packaging>war</packaging>
    <name>my-multiple-versions-consumer Maven Webapp</name>
    <url>http://www.example.com</url>

    <parent>
        <artifactId>my-parent</artifactId>
        <groupId>com.ghy.www</groupId>
        <version>1.0-RELEASE</version>
        <relativePath>../my-parent/pom.xml</relativePath>
    </parent>

    <dependencies>
        <!-- Spring Boot dependencies -->
        <dependency>
            <groupId>org.springframework.boot</groupId>
            <artifactId>spring-boot-starter</artifactId>
        </dependency>

        <dependency>
            <groupId>org.springframework.boot</groupId>
            <artifactId>spring-boot-starter-web</artifactId>
        </dependency>

        <!-- Zookeeper dependencies -->
        <dependency>
            <groupId>org.apache.dubbo</groupId>
            <artifactId>dubbo-dependencies-zookeeper</artifactId>
            <version>${dubbo.version}</version>
```

```
            <type>pom</type>
        </dependency>

        <dependency>
            <groupId>com.ghy.www</groupId>
            <artifactId>my-api</artifactId>
            <version>1.0-RELEASE</version>
            <scope>compile</scope>
        </dependency>
    </dependencies>
</project>
```

配置类代码如下。

```
package com.ghy.www.my.multiple.versions.consumer.javaconfig;

import com.ghy.www.api.IService1;
import org.apache.dubbo.config.annotation.DubboReference;
import org.springframework.context.annotation.Bean;
import org.springframework.context.annotation.Configuration;

@Configuration
public class JavaConfigDubbo {
    @DubboReference(group = "IServer1_A")
    private IService1 service1;

    @DubboReference(group = "IServer1_B_1", version = "IServer1_B_1.0")
    private IService1 service1_B_1;

    @DubboReference(group = "IServer1_B_2", version = "IServer1_B_2.0")
    private IService1 service1_B_2;

    @Bean("a")
    public IService1 getService1() {
        return service1;
    }

    @Bean("b_1")
    public IService1 getService1_B_1() {
        return service1_B_1;
    }

    @Bean("b_2")
```

```
    public IService1 getService1_B_2() {
        return service1_B_2;
    }
}
```

控制层代码如下。

```
package com.ghy.www.my.multiple.versions.consumer.controller;

import com.ghy.www.api.IService1;
import org.springframework.beans.factory.annotation.Autowired;
import org.springframework.beans.factory.annotation.Qualifier;
import org.springframework.web.bind.annotation.RequestMapping;
import org.springframework.web.bind.annotation.RestController;

@RestController
public class TestCcontroller {
    @Autowired
    @Qualifier("a")
    private IService1 service1_A;

    @Autowired
    @Qualifier("b_1")
    private IService1 service1_B_1;

    @Autowired
    @Qualifier("b_2")
    private IService1 service1_B_2;

    @RequestMapping("Test1")
    public String test1() {
        System.out.println("public String test1()");
        String helloString = service1_A.getHello("中国人A");
        return "返回信息: " + helloString;
    }

    @RequestMapping("Test2_1")
    public String test2_1() {
        System.out.println("public String test2_1()");
        String helloString = service1_B_1.getHello("中国人B_1");
        return "返回信息: " + helloString;
    }
```

```
@RequestMapping("Test2_2")
public String test2_2() {
    System.out.println("public String test2_2()");
    String helloString = service1_B_2.getHello("中国人B_2");
    return "返回信息: " + helloString;
}
}
```

配置文件application.yml代码如下。

```
# 应用名称
spring:
  application:
    name: my-multiple-versions-consumer

server:
  port: 8085

# 配置 dubbo
dubbo:
  registry:
    # 注册中心地址
    address: zookeeper://192.168.0.103
    port: 2181
  application:
    logger: slf4j
```

运行类代码如下。

```
package com.ghy.www;

import org.springframework.boot.autoconfigure.SpringBootApplication;
import org.springframework.boot.builder.SpringApplicationBuilder;

@SpringBootApplication
public class Application {
    public static void main(String[] args) {
        new SpringApplicationBuilder(Application.class)
                .run(args);
    }
}
```

7.7.3 运行效果

（1）启动服务提供者。

（2）启动服务消费者。

（3）分别执行网址：

```
http://localhost:8085/Test1
```

和

```
http://localhost:8085/Test2_1
```

和

```
http://localhost:8085/Test2_2
```

控制台输出结果如图 7-12 所示。

图 7-12　成功实现RPC通信

7.8 | 启动时检查

启动时检查代表在启动时检查依赖的服务是否可用，属性check的默认值为true。Dubbo默认会在启动时检查依赖的服务是否可用，不可用时会抛出异常来阻止Spring初始化完成，以便在上线时能及早发现问题并解决。

可以通过check="false"关闭检查，比如在测试时有些服务不关心，或者出现了循环依赖，必须有一方先启动。

另外，如果Spring容器是懒加载或通过API编程延迟引用服务，这时需要关闭check检查，否则服务临时不可用时会抛出异常，当服务恢复时会自动连接。

7.8.1　写法 dubbo.reference.com.ghy.www.api.IService1. check=true 的测试

创建my-check1 模块。

配置文件pom.xml 代码如下。

```xml
<?xml version="1.0" encoding="UTF-8"?>

<project xmlns="http://maven.apache.org/POM/4.0.0" xmlns:xsi="http://www.
w3.org/2001/XMLSchema-instance"
        xsi:schemaLocation="http://maven.apache.org/POM/4.0.0 http://
maven.apache.org/xsd/maven-4.0.0.xsd">
    <modelVersion>4.0.0</modelVersion>

    <artifactId>my-check1</artifactId>
    <packaging>war</packaging>
    <name>my-check1 Maven Webapp</name>
    <url>http://www.example.com</url>

    <parent>
        <artifactId>my-parent</artifactId>
        <groupId>com.ghy.www</groupId>
        <version>1.0-RELEASE</version>
        <relativePath>../my-parent/pom.xml</relativePath>
    </parent>

    <dependencies>
        <!-- Spring Boot dependencies -->
        <dependency>
            <groupId>org.springframework.boot</groupId>
            <artifactId>spring-boot-starter</artifactId>
        </dependency>

        <dependency>
            <groupId>org.springframework.boot</groupId>
            <artifactId>spring-boot-starter-web</artifactId>
        </dependency>

        <!-- Zookeeper dependencies -->
        <dependency>
            <groupId>org.apache.dubbo</groupId>
            <artifactId>dubbo-dependencies-zookeeper</artifactId>
```

```xml
            <version>${dubbo.version}</version>
            <type>pom</type>
        </dependency>

        <dependency>
            <groupId>com.ghy.www</groupId>
            <artifactId>my-api</artifactId>
            <version>1.0-RELEASE</version>
            <scope>compile</scope>
        </dependency>
    </dependencies>
</project>
```

配置类代码如下。

```java
package com.ghy.www.my.check1.javaconfig;

import com.ghy.www.api.IService1;
import org.apache.dubbo.config.annotation.DubboReference;
import org.springframework.context.annotation.Configuration;

@Configuration
public class JavaConfigDubbo {
    @DubboReference
    private IService1 service1;
}
```

配置文件application.yml代码如下。

```yaml
# 应用名称
spring:
  application:
    name: my-check1

server:
  port: 8085

# 配置 dubbo
dubbo:
  registry:
    # 注册中心地址
    address: zookeeper://192.168.0.103
    port: 2181
  reference:
```

```
    com.ghy.www.api.IService1.check: true
  application:
    logger: slf4j
```

dubbo.reference.com.ghy.www.api.IService1.check: true 值为 true，代表服务消费者在启动时检查服务提供者中是否有名称为 IService1 的服务，如果没有，则服务消费者启动时出现异常并销毁进程。

运行类代码如下。

```
package com.ghy.www;

import org.springframework.boot.autoconfigure.SpringBootApplication;
import org.springframework.boot.builder.SpringApplicationBuilder;

@SpringBootApplication
public class Application {
    public static void main(String[] args) {
        new SpringApplicationBuilder(Application.class)
                .run(args);
    }
}
```

启动项目后出现异常信息如下。

```
java.lang.IllegalStateException: Failed to check the status of the
service com.ghy.www.api.IService1. No provider available for the service
com.ghy.www.api.IService1 from the url dubbo://192.168.56.1/com.ghy.www.
api.IService1?application=my-check1&background=false&check=true&dubbo=2.
0.2&interface=com.ghy.www.api.IService1&logger=slf4j&metadata-type=remot
e&methods=getHello&pid=27920&qos.enable=false&register.ip=192.168.56.1&
release=3.0.5&side=consumer&sticky=false&timestamp=1645776924890 to the
consumer 192.168.56.1 use dubbo version 3.0.5
```

异常信息提示，没有找到服务提供者。

更改如下配置。

```
dubbo:
  reference:
    com.ghy.www.api.IService1.check: false
```

启动项目后控制台不再出现异常。

7.8.2　写法 @DubboReference(check = true) 的测试

创建 my-check2 模块。

配置文件pom.xml代码如下。

```
<?xml version="1.0" encoding="UTF-8"?>

<project xmlns="http://maven.apache.org/POM/4.0.0" xmlns:xsi="http://www.
w3.org/2001/XMLSchema-instance"
         xsi:schemaLocation="http://maven.apache.org/POM/4.0.0 http://
maven.apache.org/xsd/maven-4.0.0.xsd">
    <modelVersion>4.0.0</modelVersion>

    <artifactId>my-check2</artifactId>
    <packaging>war</packaging>
    <name>my-check2 Maven Webapp</name>
    <url>http://www.example.com</url>

    <parent>
        <artifactId>my-parent</artifactId>
        <groupId>com.ghy.www</groupId>
        <version>1.0-RELEASE</version>
        <relativePath>../my-parent/pom.xml</relativePath>
    </parent>

    <dependencies>
        <!-- Spring Boot dependencies -->
        <dependency>
            <groupId>org.springframework.boot</groupId>
            <artifactId>spring-boot-starter</artifactId>
        </dependency>

        <dependency>
            <groupId>org.springframework.boot</groupId>
            <artifactId>spring-boot-starter-web</artifactId>
        </dependency>

        <!-- Zookeeper dependencies -->
        <dependency>
            <groupId>org.apache.dubbo</groupId>
            <artifactId>dubbo-dependencies-zookeeper</artifactId>
            <version>${dubbo.version}</version>
            <type>pom</type>
        </dependency>

        <dependency>
```

```xml
            <groupId>com.ghy.www</groupId>
            <artifactId>my-api</artifactId>
            <version>1.0-RELEASE</version>
            <scope>compile</scope>
        </dependency>
    </dependencies>
</project>
```

配置类代码如下。

```java
package com.ghy.www.my.check2.javaconfig;

import com.ghy.www.api.IService1;
import org.apache.dubbo.config.annotation.DubboReference;
import org.springframework.context.annotation.Configuration;

@Configuration
public class JavaConfigDubbo {
    @DubboReference(check = true)
    private IService1 service1;
}
```

配置文件application.yml代码如下。

```yaml
# 应用名称
spring:
  application:
    name: my-check2

server:
  port: 8085

# 配置 dubbo
dubbo:
  registry:
    # 注册中心地址
    address: zookeeper://192.168.0.103
    port: 2181
  application:
    logger: slf4j
```

运行类代码如下。

```java
package com.ghy.www;
```

```
import org.springframework.boot.autoconfigure.SpringBootApplication;
import org.springframework.boot.builder.SpringApplicationBuilder;

@SpringBootApplication
public class Application {
    public static void main(String[] args) {
        new SpringApplicationBuilder(Application.class)
                .run(args);
    }
}
```

启动项目后出现异常信息如下。

```
java.lang.IllegalStateException: Failed to check the status of the
service com.ghy.www.api.IService1. No provider available for the service
com.ghy.www.api.IService1 from the url dubbo://192.168.56.1/com.ghy.www.
api.IService1?application=my-check2&background=false&dubbo=2.0.2&interf
ace=com.ghy.www.api.IService1&logger=slf4j&metadata-type=remote&methods
=getHello&pid=36840&qos.enable=false&register.ip=192.168.56.1&release=3
.0.5&side=consumer&sticky=false&timestamp=1645777534507 to the consumer
192.168.56.1 use dubbo version 3.0.5
```

异常信息提示，没有找到服务提供者。

更改如下配置。

```
package com.ghy.www.my.check2.javaconfig;

import com.ghy.www.api.IService1;
import org.apache.dubbo.config.annotation.DubboReference;
import org.springframework.context.annotation.Configuration;

@Configuration
public class JavaConfigDubbo {
    @DubboReference(check = false)
    private IService1 service1;
}
```

启动项目后控制台不再出现异常。

7.8.3　dubbo.consumer.check=false 的测试

创建my-check3 模块。

配置文件pom.xml代码如下。

```xml
<?xml version="1.0" encoding="UTF-8"?>

<project xmlns="http://maven.apache.org/POM/4.0.0" xmlns:xsi="http://www.
w3.org/2001/XMLSchema-instance"
        xsi:schemaLocation="http://maven.apache.org/POM/4.0.0 http://
maven.apache.org/xsd/maven-4.0.0.xsd">
    <modelVersion>4.0.0</modelVersion>

    <artifactId>my-check3</artifactId>
    <packaging>war</packaging>
    <name>my-check3 Maven Webapp</name>
    <url>http://www.example.com</url>

    <parent>
        <artifactId>my-parent</artifactId>
        <groupId>com.ghy.www</groupId>
        <version>1.0-RELEASE</version>
        <relativePath>../my-parent/pom.xml</relativePath>
    </parent>

    <dependencies>
        <!-- Spring Boot dependencies -->
        <dependency>
            <groupId>org.springframework.boot</groupId>
            <artifactId>spring-boot-starter</artifactId>
        </dependency>

        <dependency>
            <groupId>org.springframework.boot</groupId>
            <artifactId>spring-boot-starter-web</artifactId>
        </dependency>

        <!-- Zookeeper dependencies -->
        <dependency>
            <groupId>org.apache.dubbo</groupId>
            <artifactId>dubbo-dependencies-zookeeper</artifactId>
            <version>${dubbo.version}</version>
            <type>pom</type>
        </dependency>

        <dependency>
            <groupId>com.ghy.www</groupId>
```

```
            <artifactId>my-api</artifactId>
            <version>1.0-RELEASE</version>
            <scope>compile</scope>
        </dependency>
    </dependencies>
</project>
```

配置类代码如下。

```
package com.ghy.www.my.check3.javaconfig;

import com.ghy.www.api.IService1;
import org.apache.dubbo.config.annotation.DubboReference;
import org.springframework.context.annotation.Configuration;

@Configuration
public class JavaConfigDubbo {
    @DubboReference
    private IService1 service1;
}
```

配置文件application.yml代码如下。

```
# 应用名称
spring:
  application:
    name: my-check3

server:
  port: 8085

# 配置 dubbo
dubbo:
  registry:
    # 注册中心地址
    address: zookeeper://192.168.0.103
    port: 2181
  consumer:
    check: true
  application:
    logger: slf4j
```

运行类代码如下。

```
package com.ghy.www;
```

```
import org.springframework.boot.autoconfigure.SpringBootApplication;
import org.springframework.boot.builder.SpringApplicationBuilder;

@SpringBootApplication
public class Application {
    public static void main(String[] args) {
        new SpringApplicationBuilder(Application.class)
                .run(args);
    }
}
```

启动项目后出现异常信息如下。

```
java.lang.IllegalStateException: Failed to check the status of the
service com.ghy.www.api.IService1. No provider available for the service
com.ghy.www.api.IService1 from the url dubbo://192.168.56.1/com.ghy.www.
api.IService1?application=my-check3&background=false&check=true&dubbo=2.
0.2&interface=com.ghy.www.api.IService1&logger=slf4j&metadata-type=remot
e&methods=getHello&pid=27484&qos.enable=false&register.ip=192.168.56.1&
release=3.0.5&side=consumer&sticky=false&timestamp=1645777952874 to the
consumer 192.168.56.1 use dubbo version 3.0.5
```

异常信息提示，没有找到服务提供者。

更改如下配置。

```
dubbo:
  consumer:
    check: false
```

启动项目后控制台不再出现异常。

7.9　令牌验证

令牌验证可以防止服务消费者绕过注册中心直接访问服务提供者。对 Dubbo 添加令牌验证可以保证服务提供者的安全性。

7.9.1　创建服务提供者模块

创建 my-token-provider 模块。

配置文件 pom.xml 代码如下。

```xml
<?xml version="1.0" encoding="UTF-8"?>

<project xmlns="http://maven.apache.org/POM/4.0.0" xmlns:xsi="http://www.
w3.org/2001/XMLSchema-instance"
        xsi:schemaLocation="http://maven.apache.org/POM/4.0.0 http://
maven.apache.org/xsd/maven-4.0.0.xsd">
    <modelVersion>4.0.0</modelVersion>

    <artifactId>my-token-provider</artifactId>
    <packaging>war</packaging>
    <name>my-token-provider Maven Webapp</name>
    <url>http://www.example.com</url>

    <parent>
        <artifactId>my-parent</artifactId>
        <groupId>com.ghy.www</groupId>
        <version>1.0-RELEASE</version>
        <relativePath>../my-parent/pom.xml</relativePath>
    </parent>

    <dependencies>
        <!-- Spring Boot dependencies -->
        <dependency>
            <groupId>org.springframework.boot</groupId>
            <artifactId>spring-boot-starter</artifactId>
        </dependency>

        <!-- Zookeeper dependencies -->
        <dependency>
            <groupId>org.apache.dubbo</groupId>
            <artifactId>dubbo-dependencies-zookeeper</artifactId>
            <version>${dubbo.version}</version>
            <type>pom</type>
        </dependency>

        <dependency>
            <groupId>com.ghy.www</groupId>
            <artifactId>my-api</artifactId>
            <version>1.0-RELEASE</version>
            <scope>compile</scope>
        </dependency>
    </dependencies>
```

```
</project>
```

配置类代码如下。

```java
package com.ghy.www.my.token.provider.javaconfig;

import com.ghy.www.my.token.provider.service.HelloService1;
import org.apache.dubbo.config.annotation.DubboService;
import org.springframework.context.annotation.Bean;
import org.springframework.context.annotation.Configuration;

@Configuration
public class JavaConfigDubbo {
    @Bean
    @DubboService
    public HelloService1 getHelloService1() {
        return new HelloService1();
    }
}
```

业务类代码如下。

```java
package com.ghy.www.my.token.provider.service;

import com.ghy.www.api.IService1;

public class HelloService1 implements IService1 {
    @Override
    public String getHello(String username) {
        return "hello1 " + username;
    }
}
```

配置文件application.yml代码如下。

```yaml
# 应用名称
spring:
  application:
    name: my-token-provider

# 配置 dubbo
dubbo:
  registry:
    # 注册中心地址
    address: zookeeper://192.168.0.103
```

```
    port: 2181
  scan:
    base-packages: com.ghy.www.my.token.provider.service # 扫包
  protocol:
    port: 20881 # 服务消费者连接到此端口实现直连接
  provider:
    host: 192.168.0.103
  application:
    logger: slf4j
```

运行类代码如下。

```
package com.ghy.www;

import org.springframework.boot.autoconfigure.SpringBootApplication;
import org.springframework.boot.builder.SpringApplicationBuilder;

@SpringBootApplication
public class Application {
    public static void main(String[] args) {
        new SpringApplicationBuilder(Application.class)
                .run(args);
    }
}
```

7.9.2 创建服务消费者模块

创建my-token-consumer模块。

配置文件pom.xml代码如下。

```
<?xml version="1.0" encoding="UTF-8"?>

<project xmlns="http://maven.apache.org/POM/4.0.0" xmlns:xsi="http://www.
w3.org/2001/XMLSchema-instance"
         xsi:schemaLocation="http://maven.apache.org/POM/4.0.0 http://
maven.apache.org/xsd/maven-4.0.0.xsd">
    <modelVersion>4.0.0</modelVersion>

    <artifactId>my-token-consumer</artifactId>
    <packaging>war</packaging>
    <name>my-token-consumer Maven Webapp</name>
    <url>http://www.example.com</url>
```

```
    <parent>
        <artifactId>my-parent</artifactId>
        <groupId>com.ghy.www</groupId>
        <version>1.0-RELEASE</version>
        <relativePath>../my-parent/pom.xml</relativePath>
    </parent>

    <dependencies>
        <!-- Spring Boot dependencies -->
        <dependency>
            <groupId>org.springframework.boot</groupId>
            <artifactId>spring-boot-starter</artifactId>
        </dependency>

        <dependency>
            <groupId>org.springframework.boot</groupId>
            <artifactId>spring-boot-starter-web</artifactId>
        </dependency>

        <!-- Zookeeper dependencies -->
        <dependency>
            <groupId>org.apache.dubbo</groupId>
            <artifactId>dubbo-dependencies-zookeeper</artifactId>
            <version>${dubbo.version}</version>
            <type>pom</type>
        </dependency>

        <dependency>
            <groupId>com.ghy.www</groupId>
            <artifactId>my-api</artifactId>
            <version>1.0-RELEASE</version>
            <scope>compile</scope>
        </dependency>
    </dependencies>
</project>
```

配置类代码如下。

```
package com.ghy.www.my.token.consumer.javaconfig;

import com.ghy.www.api.IService1;
import org.apache.dubbo.config.annotation.DubboReference;
import org.springframework.context.annotation.Configuration;
```

```
@Configuration
public class JavaConfigDubbo {
    @DubboReference(interfaceName = "com.ghy.www.api.IService1", url =
"dubbo://192.168.0.103:20881")
    private IService1 service1;
}
```

控制层代码如下。

```
package com.ghy.www.my.token.consumer.controller;

import com.ghy.www.api.IService1;
import org.springframework.beans.factory.annotation.Autowired;
import org.springframework.web.bind.annotation.RequestMapping;
import org.springframework.web.bind.annotation.RestController;

@RestController
public class TestController {
    @Autowired
    private IService1 service1;

    @RequestMapping("Test1")
    public String test1() {
        System.out.println("public String test1()");
        String helloString = service1.getHello(" 中国人 1");
        return " 返回信息: " + helloString;
    }
}
```

配置文件application.yml代码如下。

```
# 应用名称
spring:
  application:
    name: my-token-consumer

server:
  port: 8085

# 配置 dubbo
dubbo:
  application:
    logger: slf4j
```

运行类代码如下。

```
package com.ghy.www;

import org.springframework.boot.autoconfigure.SpringBootApplication;
import org.springframework.boot.builder.SpringApplicationBuilder;

@SpringBootApplication
public class Application {
    public static void main(String[] args) {
        new SpringApplicationBuilder(Application.class)
                .run(args);
    }
}
```

7.9.3　直连接运行效果

（1）启动服务提供者。

（2）启动服务消费者。

（3）执行网址：

```
http://localhost:8085/Test1
```

控制台输出结果如图 7-13 所示。

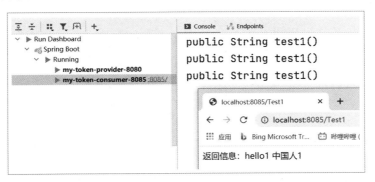

图 7-13　成功实现 RPC 直连接通信

7.9.4　添加 Token 的运行效果

服务提供者和服务消费者采用直连接方式通信会使服务提供者不安全，只要知道服务提供者的 IP 和 PORT，服务消费者就可以与之通信，这时可以为服务提供者配置 Token 令牌。

在 my-token-provider 模块中添加如下配置。

```
dubbo:
  provider:
    token: true
```

重启服务提供者，再次运行网址：

```
http://localhost:8085/Test1
```

控制台输出异常信息如下。

```
org.apache.dubbo.rpc.RpcException: Invalid token! Forbid invoke remote
service interface com.ghy.www.api.IService1 method getHello() from
consumer 192.168.0.103 to provider 192.168.0.103, consumer incorrect
token is null
```

异常信息consumer incorrect token is null提示服务消费者的token值是null，服务消费者不再允许直接采用直连接的方式与服务提供者进行通信。服务消费者必须要借助于注册中心与服务提供者进行通信。

更改my-token-consumer模块中的配置类代码如下。

```
package com.ghy.www.my.token.consumer.javaconfig;

import com.ghy.www.api.IService1;
import org.apache.dubbo.config.annotation.DubboReference;
import org.springframework.context.annotation.Configuration;

@Configuration
public class JavaConfigDubbo {
    // @DubboReference(interfaceName = "com.ghy.www.api.IService1", url =
"dubbo://192.168.0.103:20881")
    // private IService1 service1;

    @DubboReference
    private IService1 service1;
}
```

更改my-token-consumer模块中的application.yml配置代码如下。

```
# 应用名称
spring:
  application:
    name: my-token-consumer

server:
  port: 8085
```

```
# 配置 dubbo
dubbo:
  registry:
    # 注册中心地址
    address: zookeeper://192.168.0.103
    port: 2181
  application:
    logger: slf4j
```

停止服务提供者和服务消费者进程，重置实验环境。

首先启动服务提供者，再启动服务消费者，正常通信效果如图 7-14 所示。

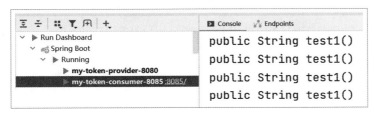

图 7-14　正确的运行效果

7.10 | 超时和线程池大小

本节解决执行服务提供者超时出现异常的问题。

7.10.1　创建服务提供者模块

创建 my-timeout-provider 模块。

配置文件 pom.xml 代码如下。

```xml
<?xml version="1.0" encoding="UTF-8"?>

<project xmlns="http://maven.apache.org/POM/4.0.0" xmlns:xsi="http://www.
w3.org/2001/XMLSchema-instance"
         xsi:schemaLocation="http://maven.apache.org/POM/4.0.0 http://
maven.apache.org/xsd/maven-4.0.0.xsd">
    <modelVersion>4.0.0</modelVersion>

    <artifactId>my-timeout-provider</artifactId>
    <packaging>war</packaging>
```

```xml
    <name>my-timeout-provider Maven Webapp</name>
    <url>http://www.example.com</url>

    <parent>
        <artifactId>my-parent</artifactId>
        <groupId>com.ghy.www</groupId>
        <version>1.0-RELEASE</version>
        <relativePath>../my-parent/pom.xml</relativePath>
    </parent>

    <dependencies>
        <!-- Spring Boot dependencies -->
        <dependency>
            <groupId>org.springframework.boot</groupId>
            <artifactId>spring-boot-starter</artifactId>
        </dependency>

        <!-- Zookeeper dependencies -->
        <dependency>
            <groupId>org.apache.dubbo</groupId>
            <artifactId>dubbo-dependencies-zookeeper</artifactId>
            <version>${dubbo.version}</version>
            <type>pom</type>
        </dependency>

        <dependency>
            <groupId>com.ghy.www</groupId>
            <artifactId>my-api</artifactId>
            <version>1.0-RELEASE</version>
            <scope>compile</scope>
        </dependency>
    </dependencies>
</project>
```

业务类代码如下。

```java
package com.ghy.www.my.timeout.provider.service;

import com.ghy.www.api.IService1;

public class HelloService1 implements IService1 {
    @Override
    public String getHello(String username) {
```

```
        System.out.println("begin " + System.currentTimeMillis());
        try {
            Thread.sleep(5000);
        } catch (InterruptedException e) {
            e.printStackTrace();
        }
        System.out.println("  end " + System.currentTimeMillis());
        return "hello1 " + username;
    }
}
```

配置类代码如下。

```
package com.ghy.www.my.timeout.provider.javaconfig;

import com.ghy.www.my.timeout.provider.service.HelloService1;
import org.apache.dubbo.config.annotation.DubboService;
import org.springframework.context.annotation.Bean;
import org.springframework.context.annotation.Configuration;

@Configuration
public class JavaConfigDubbo {
    @Bean
    @DubboService
    public HelloService1 getHelloService1() {
        return new HelloService1();
    }
}
```

配置文件application.yml代码如下。

```
# 应用名称
spring:
  application:
    name: my-timeout-provider

# 配置 dubbo
dubbo:
  registry:
    # 注册中心地址
    address: zookeeper://192.168.0.103
    port: 2181
  scan:
    base-packages: com.ghy.www.my.timeout.provider.service # 扫包
```

```
  provider:
    host: 192.168.0.103
  application:
    logger: slf4j
```

运行类代码如下。

```
package com.ghy.www;

import org.springframework.boot.autoconfigure.SpringBootApplication;
import org.springframework.boot.builder.SpringApplicationBuilder;

@SpringBootApplication
public class Application {
    public static void main(String[] args) {
        new SpringApplicationBuilder(Application.class)
                .run(args);
    }
}
```

7.10.2　创建服务消费者模块

创建my-timeout-consumer模块。

配置文件pom.xml代码如下。

```
<?xml version="1.0" encoding="UTF-8"?>

<project xmlns="http://maven.apache.org/POM/4.0.0" xmlns:xsi="http://www.
w3.org/2001/XMLSchema-instance"
        xsi:schemaLocation="http://maven.apache.org/POM/4.0.0 http://
maven.apache.org/xsd/maven-4.0.0.xsd">
    <modelVersion>4.0.0</modelVersion>

    <artifactId>my-timeout-consumer</artifactId>
    <packaging>war</packaging>
    <name>my-timeout-consumer Maven Webapp</name>
    <url>http://www.example.com</url>

    <parent>
        <artifactId>my-parent</artifactId>
        <groupId>com.ghy.www</groupId>
        <version>1.0-RELEASE</version>
        <relativePath>../my-parent/pom.xml</relativePath>
```

```xml
    </parent>

    <dependencies>
        <!-- Spring Boot dependencies -->
        <dependency>
            <groupId>org.springframework.boot</groupId>
            <artifactId>spring-boot-starter</artifactId>
        </dependency>

        <dependency>
            <groupId>org.springframework.boot</groupId>
            <artifactId>spring-boot-starter-web</artifactId>
        </dependency>

        <!-- Zookeeper dependencies -->
        <dependency>
            <groupId>org.apache.dubbo</groupId>
            <artifactId>dubbo-dependencies-zookeeper</artifactId>
            <version>${dubbo.version}</version>
            <type>pom</type>
        </dependency>

        <dependency>
            <groupId>com.ghy.www</groupId>
            <artifactId>my-api</artifactId>
            <version>1.0-RELEASE</version>
            <scope>compile</scope>
        </dependency>
    </dependencies>
</project>
```

配置类代码如下。

```java
package com.ghy.www.my.timeout.consumer.javaconfig;

import com.ghy.www.api.IService1;
import org.apache.dubbo.config.annotation.DubboReference;
import org.springframework.context.annotation.Configuration;

@Configuration
public class JavaConfigDubbo {
    @DubboReference
    private IService1 service1;
```

```
}
```

控制层代码如下。

```java
package com.ghy.www.my.timeout.consumer.controller;

import com.ghy.www.api.IService1;
import org.springframework.beans.factory.annotation.Autowired;
import org.springframework.web.bind.annotation.RequestMapping;
import org.springframework.web.bind.annotation.RestController;

import javax.servlet.http.HttpServletRequest;
import javax.servlet.http.HttpServletResponse;

@RestController
public class TestController {
    @Autowired
    private IService1 service1;

    @RequestMapping("Test1")
    public String test1() {
        System.out.println("public String test1()");
        String helloString = service1.getHello("中国人1");
        return "返回信息: " + helloString;
    }

    class MyThread extends Thread {
        private int i;

        public MyThread(int i) {
            this.i = i;
        }

        @Override
        public void run() {
            System.out.println("public String test1()");
            String helloString = service1.getHello("中国人" + i);
        }
    }

    @RequestMapping("Test2")
    public void Test2(HttpServletRequest request, HttpServletResponse
response) {
```

```
        for (int i = 0; i < 300; i++) {
            MyThread t = new MyThread(i + 1);
            t.start();
        }
    }
}
```

配置文件application.yml代码如下。

```
# 应用名称
spring:
  application:
    name: my-timeout-consumer

# 配置 dubbo
dubbo:
  registry:
    # 注册中心地址
    address: zookeeper://192.168.0.103
    port: 2181
  application:
    logger: slf4j


server:
  port: 8085
```

运行类代码如下。

```
package com.ghy.www;

import org.springframework.boot.autoconfigure.SpringBootApplication;
import org.springframework.boot.builder.SpringApplicationBuilder;

@SpringBootApplication
public class Application {
    public static void main(String[] args) {
        new SpringApplicationBuilder(Application.class)
                .run(args);
    }
}
```

7.10.3　出现重复运行和超时异常

（1）启动服务提供者。

（2）启动服务消费者。

（3）执行1次网址：

```
http://localhost:8085/Test1
```

服务提供者控制台输出结果如下。

```
begin 1645781078774
begin 1645781079788
begin 1645781080807
  end 1645781083774
  end 1645781084789
  end 1645781085808
```

服务提供者被执行了3次，而且是每隔1秒执行1次，每对begin和end的时间间隔为5秒。

服务消费者控制台输出结果如下。

```
public String test1()
2022-02-25 17:24:41.843 ERROR 25156 --- [nio-8085-exec-1]
o.a.c.c.C.[.[.[/].[dispatcherServlet]   : Servlet.service() for servlet
[dispatcherServlet] in context with path [] threw exception [Request
processing failed; nested exception is org.apache.dubbo.rpc.RpcException:
Failed to invoke the method getHello in the service com.ghy.www.api.
IService1. Tried 3 times of the providers [192.168.0.103:20880] (1/1)
from the registry 192.168.0.103:2181 on the consumer 192.168.56.1 using
the dubbo version 3.0.5. Last error is: Invoke remote method timeout.
method: getHello, provider: DefaultServiceInstance{, serviceName='my-
timeout-provider', host='192.168.0.103', port=20880, enabled=true,
healthy=true, metadata={dubbo.endpoints=[{"port":20880,"protocol":"dub
bo"}], dubbo.metadata-service.url-params={"connections":"1","version":"
1.0.0","dubbo":"2.0.2","release":"3.0.5","port":"20880","protocol":"dub
bo"}, dubbo.metadata.revision=7b9c2a1a352eb92c8fc57398f16a1422, dubbo.
metadata.storage-type=local}}, service{name='com.ghy.www.api.IServic
e1',group='null',version='null',protocol='dubbo',params={side=provid
er, release=3.0.5, methods=getHello, logger=slf4j, deprecated=false,
dubbo=2.0.2, interface=com.ghy.www.api.IService1, service-name-
mapping=true, generic=false, metadata-type=remote, application=my-
timeout-provider, background=false, dynamic=true, anyhost=false},},
cause: org.apache.dubbo.remoting.TimeoutException: Waiting server-side
response timeout by scan timer. start time: 2022-02-25 17:24:40.806, end
```

```
time: 2022-02-25 17:24:41.826, client elapsed: 0 ms, server elapsed: 1020
ms, timeout: 1000 ms, request: Request [id=3, version=2.0.2, twoway=true,
event=false, broken=false, data=null], channel: /192.168.0.103:52255 ->
/192.168.0.103:20880] with root cause

org.apache.dubbo.remoting.TimeoutException: Waiting server-side response
timeout by scan timer. start time: 2022-02-25 17:24:40.806, end time:
2022-02-25 17:24:41.826, client elapsed: 0 ms, server elapsed: 1020 ms,
timeout: 1000 ms, request: Request [id=3, version=2.0.2, twoway=true,
event=false, broken=false, data=null], channel: /192.168.0.103:52255 ->
/192.168.0.103:20880
```

服务消费者出现异常，原因是执行服务提供者时出现超时。

服务消费者出现调用超时异常，默认执行超时是 1000 毫秒，也就是 1 秒，而服务提供者需要耗时 5 秒，这就是服务消费者出现异常的原因。

7.10.4　解决出现重复运行和超时异常

如果一旦服务消费者执行任务的时间超过默认的 1 秒时，会同时出现以下两种情况。

（1）服务消费者会重新发起多次请求，导致服务提供者的业务被重复执行。

（2）服务消费者出现了超时异常。

```
org.apache.dubbo.remoting.TimeoutException: Waiting server-side response
timeout by scan timer.
```

如何彻底解决这两个问题呢？

先解决第（1）条重复发起请求的问题。重复发起请求在某些情况下是非常有必要的，比如网络环境不好的情况下，当请求不成功时再次发起请求进行尝试。但在某些情况下不需要这样的行为，禁用重试可以在服务消费者模块进行配置，新版配置类代码如下。

```java
package com.ghy.www.my.timeout.consumer.javaconfig;

import com.ghy.www.api.IService1;
import org.apache.dubbo.config.annotation.DubboReference;
import org.springframework.context.annotation.Configuration;

@Configuration
public class JavaConfigDubbo {
    @DubboReference(retries = 0)
    private IService1 service1;
}
```

属性retries = 0代表服务消费者不发起重试请求。属性retries默认值是2，这就是服务提供者执行了3次的原因。

具体是否使用retries重试要取决于场景，如果方法是幂等操作，则可以使用retries重试；如果是非幂等操作，则不建议使用retries重试。幂等操作是指多次操作的结果是一样的，比如查询、删除、修改操作，非幂等操作代表每次结果都是不一样的，比如增加操作，它会改变数据库记录的数量。

重新启动服务提供者和服务消费者，并执行网址：

```
http://localhost:8085/Test1
```

服务提供者控制台输出信息如下。

```
begin 1631850582550
  end 1631850587551
```

服务提供者的业务只被执行了1次，并不是3次了。

但是服务消费者依然出现超时异常。

```
org.apache.dubbo.remoting.TimeoutException: Waiting server-side response
timeout by scan timer. start time: 2022-02-25 17:40:05.838, end time:
2022-02-25 17:40:06.850, client elapsed: 1 ms, server elapsed: 1011 ms,
timeout: 1000 ms, request: Request [id=1, version=2.0.2, twoway=true,
event=false, broken=false, data=null], channel: /192.168.0.103:52691 ->
/192.168.0.103:20880
```

至此，执行3次服务提供者业务的错误现象解决了。

继续解决第（2）条，服务消费者出现了TimeoutException超时异常，在服务消费者模块添加配置，新版配置类代码如下。

```
package com.ghy.www.my.timeout.consumer.javaconfig;

import com.ghy.www.api.IService1;
import org.apache.dubbo.config.annotation.DubboReference;
import org.springframework.context.annotation.Configuration;

@Configuration
public class JavaConfigDubbo {
    @DubboReference(retries = 0, timeout = 6000000)
    private IService1 service1;
}
```

重启服务提供者和服务消费者，再次运行网址：

```
http://localhost:8085/Test1
```

服务提供者和服务消费者的控制台中都没有出现异常，正常通信。

7.10.5　出现线程池已耗尽警告

执行网址：

```
http://localhost:8085/Test2
```

服务提供者控制台出现警告信息。

```
WARN 36476 --- [erverWorker-3-1] o.a.d.c.t.support.AbortPolicyWithReport
:  [DUBBO] Thread pool is EXHAUSTED! Thread Name: DubboServerH
andler-192.168.0.103:20880, Pool Size: 200 (active: 200, core:
200, max: 200, largest: 200), Task: 206 (completed: 6), Executor
status:(isShutdown:false, isTerminated:false, isTerminating:false),
in dubbo://192.168.0.103:20880!, dubbo version: 3.0.5, current host:
192.168.56.1
```

提示 Thread pool is EXHAUSTED 线程池已耗尽。

7.10.6　解决出现线程池已耗尽警告

默认情况下，Dubbo 中的线程池最大能存放 200 个线程对象，而服务消费者却循环了 300 次，解决此问题可以扩大服务提供者线程池容量，更改服务提供者 application.yml 配置文件代码如下。

```
# 应用名称
spring:
  application:
    name: my-timeout-provider

# 配置 dubbo
dubbo:
  registry:
    # 注册中心地址
    address: zookeeper://192.168.0.103
    port: 2181
  scan:
    base-packages: com.ghy.www.my.timeout.provider.service # 扫包
  provider:
    host: 192.168.0.103
    threads: 500
  application:
    logger: slf4j
```

重启服务提供者和服务消费者。
再次执行网址：

```
http://localhost:8085/Test2
```

服务提供者和服务消费者成功进行通信。

7.11 Nacos 介绍

Nacos是一个更易于构建云原生应用的动态服务发现、配置管理和服务管理平台。
Nacos中文版网址如下。

```
https://nacos.io/zh-cn/index.html
```

显示页面如图 7-15 所示。

图 7-15　中文版主页

7.11.1　什么是 Nacos

Nacos致力于帮助开发者实现微服务的发现、配置和管理。Nacos提供了一组简单易用的特性集，帮助开发者快速实现动态服务发现、服务配置、服务元数据及流量管理。Nacos还可以帮助开发者更敏捷和容易地构建、交付和管理微服务平台。Nacos是构建以"服务"为中心的现代应用架构的服务基础设施。

服务Service是Nacos世界的"一等公民"。Nacos支持几乎所有主流类型的服务发现、配置和管理。

（1）Kubernetes Service。

（2）gRPC & Dubbo RPC Service。

（3）Spring Cloud RESTful Service。

7.11.2　谁在使用 Nacos

Nacos 的部分用户列表如图 7-16 所示。

图 7-16　部分用户列表

越来越多的一线互联网公司在使用 Nacos，随着 Spring Cloud Alibaba 框架功能的健全，Nacos 的未来发展空间很大。

7.11.3　Nacos 架构

Nacos 基本架构如图 7-17 所示。

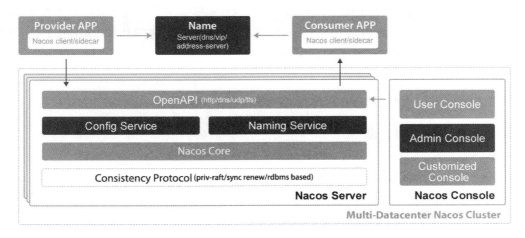

图 7-17　Nacos 基本架构

相关概念解释如下。

（1）服务（Service）：是指一个或一组软件功能（例如，特定信息的检索或一组操作的执行），其目的是不同的客户端可以为不同的目的重用（例如，通过跨进程的网络调用）。Nacos支持主流的服务生态，如Kubernetes Service、gRPC|Dubbo RPC Service或Spring Cloud RESTful Service。

（2）服务注册中心（ServiceRegistry）：它是服务，其实也是存储元数据的数据库。服务实例在启动时注册到服务注册表中，并在关闭时注销。服务和路由的客户端查询服务注册表可以查找服务的可用实例。服务注册中心可能会调用服务实例的健康检查API来验证它是否能够处理请求。

（3）服务元数据（ServiceMetadata）：是指包括服务端点（endpoints）、服务标签、服务版本号、服务实例权重、路由规则、安全策略等描述服务的数据。

（4）服务提供方（ServiceProvider）：提供可复用和可调用服务的应用方。

（5）服务消费方（ServiceConsumer）：会发起对某个服务调用的应用方。

（6）配置（Configuration）：在系统开发过程中通常会将一些需要变更的参数、变量等从代码中分离出来独立管理，以独立配置文件的形式存在，目的是让静态的系统文件或交付物（如WAR，JAR包等）更好地和实际的物理运行环境进行适配。配置管理一般包含在系统部署的过程中，由系统管理员或运维人员完成这个步骤。配置变更是调整系统运行时行为的有效手段之一。

（7）配置管理（ConfigurationManagement）：在数据中心中，系统中所有配置的编辑、存储、分发、变更管理、历史版本管理、变更审计等与配置相关的活动统称为配置管理。

（8）命名服务（NamingService）：提供分布式系统中所有对象（Object）、实体（Entity）的"名字"到关联的元数据之间的映射管理服务，例如，服务发现和DNS就是名字服务的两大场景。

（9）配置服务（ConfigurationService）：在服务或应用运行过程中，提供动态配置或元数据及配置管理的服务提供者。

其实Nacos最重要的只有以下2个模块。

（1）命名服务（NamingService）：通过指定的名称来获取资源、服务或服务提供者的相关信息。

（2）配置服务（ConfigurationService）：动态配置服务能够以中心化、外部化和动态化的方式管理所有环境的配置。动态配置消除了配置变更时重新部署应用和服务的必要。配置中心化管理让实现无状态服务更简单，也让按需弹性扩展服务更容易。

7.11.4 交付方式

Nacos有以下两种交付方式。

（1）Docker。

（2）zip（tar.gz）压缩包。

7.11.5 启动方式

Nacos支持将注册中心（ServiceRegistry）与配置中心（ConfigCenter）放在一个进程中合并部署

或将两者分离部署。

7.11.6　Nacos 核心功能

（1）服务注册：Nacos Client会通过发送RESTful请求向Nacos Server注册自己的服务并提供自身元数据，比如IP地址、PORT等信息。Nacos Server接收注册请求后会把这些元数据信息存储在内存中。

（2）服务心跳：在注册服务后，Nacos Client会维护一个定时心跳任务来持续通知Nacos Server，证明服务一直处于可用状态，防止被剔除，默认每5秒发起一次新的心跳请求。

（3）服务同步：Nacos Server集群之间会相互同步服务实例，用来保证服务信息的一致性。

（4）服务发现：服务消费者在调用服务提供者的服务时，会发起一个RESTful请求给Nacos Server获取上面注册的服务清单，并且缓存在Nacos Client本地，同时会在Nacos Client本地开启一个定时任务，拉取服务端最新的注册表信息到本地缓存。

（5）服务健康检查：Nacos Server会开启一个定时任务用来检查注册服务实例的健康状态，超过15s没有收到客户端心跳，healthy状态标记被置为false，超过30s没有心跳，直接剔除该实例，被剔除的实例如果恢复发送心跳，则需要重新注册。

7.12　搭建 Nacos 单机运行环境

本节介绍搭建Nacos单机运行环境，为Dubbo+Nacos结合使用做基础环境的准备。

7.12.1　下载 Nacos

注意：下载并使用的Nacos版本一定要和Spring Cloud Alibaba使用的Nacos版本对应，不然会出现各种奇怪的问题。确定Nacos版本可以在IDEA中创建Spring Cloud Alibaba项目，在pom.xml文件中添加Spring Cloud Alibaba依赖后在IDEA中的External Libraries节点下找到Nacos版本，然后下载此Nacos版本即可，形成Nacos和Spring Cloud Alibaba版本对应关系。

Nacos在Github上的网址如下。

```
https://github.com/alibaba/nacos
```

在如下网址下载Nacos并解压zip文件。

```
https://github.com/alibaba/nacos/tags
```

本教程使用Nacos的二进制版本。

7.12.2　启动和关闭 Nacos 服务器

在不同操作系统中启动和关闭Nacos服务器，需要使用不同的命令。

1. 在Linux和Windows中启动Nacos服务

（1）Linux/Mac操作系统使用如下命令启动Nacos。

```
sh startup.sh -m standalone
```

参数standalone代表以单机模式运行，非集群模式。

如果使用的是Ubuntu系统，或者运行脚本出现错误提示［符号找不到］，则可尝试如下命令启动Nacos。

```
bash startup.sh -m standalone
```

在CentOS操作系统中启动Nacos服务，可以使用如下命令。

```
bash startup.sh -m standalone
```

但启动过程中需要依赖javac.exe命令，所以在执行命令bash startup.sh -m standalone前，需要提前配置JDK环境变量。

编辑配置文件：

```
sudo gedit /etc/profile
```

在最后添加如下配置：

```
export JAVA_HOME=/home/ghy/T/jdk-8u321-linux-x64/jdk1.8.0_321
export CLASSPATH=.:$JAVA_HOME/lib:$JAVA_HOME/jre/lib:$CLASSPATH
export PATH=$JAVA_HOME/bin:$JAVA_HOME/jre/bin:$PATH
```

刷新环境：

```
source /etc/profile
```

注意：如果在 Windows 10+VirtualBox（CentOS）环境下启动 Nacos，需要对 8848 和 9848 配置 NAT 端口映射。如果不对 9848 进行 NAT 端口映射，则服务提供者在启动时会出现异常。映射示例配置如图 7-18 所示。

| TCP | 192.168.0.103 | 8848 | 10.0.2.15 | 8848 |
| TCP | 192.168.0.103 | 9848 | 10.0.2.15 | 9848 |

图 7-18　NAT端口映射

（2）Windows操作系统使用如下命令启动Nacos。

```
startup.cmd -m standalone
```

注意：如果使用 Windows 10 操作系统，则老版本的 CMD 命令窗口默认会开启快速编辑模式，即 QuickEdit Mode 功能，造成一些操作会"暂停"程序的运行，比如启动 Nacos 时，会造成启动的过程被暂停，导致 Nacos 最终不能成功启动。

关闭 QuickEdit Mode 的步骤如下。

在 CMD 命令窗口的标题栏点击鼠标右键，单击"属性"菜单，单击"选项"标签，取消勾选"快速编辑模式"，然后重启 CMD 命令窗口即可。

在 Windows 操作系统中启动 Nacos 服务可以使用如下命令。

```
C:\nacos\bin>startup.cmd -m standalone
```

启动效果如图 7-19 所示。

图 7-19　显示 Logo

Nacos 默认端口号是 8848。

成功启动效果如图 7-20 所示。

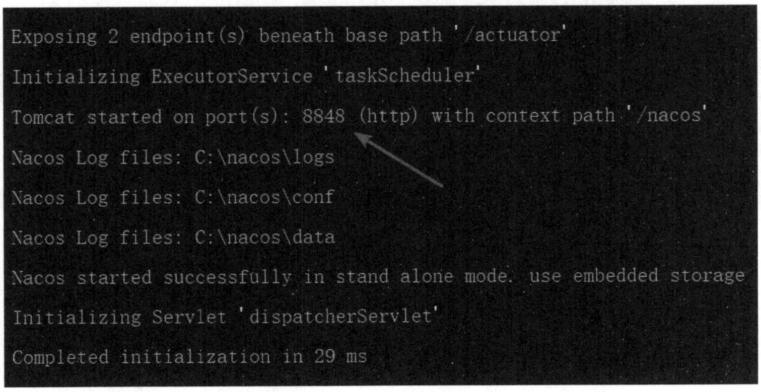

图 7-20　成功启动

2. 在Linux和Windows中关闭Nacos服务

（1）Linux/UNIX/Mac操作系统使用如下命令。

```
sh shutdown.sh
```

（2）Windows操作系统使用如下命令。

```
shutdown.cmd
```

或双击shutdown.cmd运行文件。

7.12.3 进入 Nacos 控制台

执行如下网址进入Nacos控制台。

```
http://ip:8848/nacos
```

显示界面如图 7-21 所示。

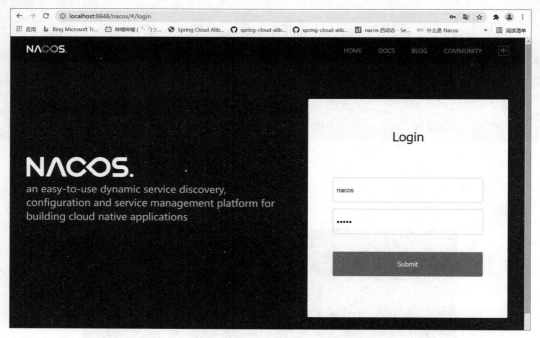

图 7-21 显示登录界面

输入账号名nacos和密码nacos进行登录，显示主界面如图 7-22 所示。

图 7-22　列表为空

7.12.4　没有服务在 Nacos 中注册

现在的环境是 Nacos 注册中心里没有任何服务被注册，如图 7-23 所示。

图 7-23　没有服务注册

7.13　使用 Nacos 作为注册中心实现 RPC 通信

本节使用 Nacos 作为注册中心实现 RPC 通信。

7.13.1　创建服务提供者模块

创建 my-nacos-provider 模块。

配置文件 pom.xml 代码如下。

```
<?xml version="1.0" encoding="UTF-8"?>
```

```xml
<project xmlns="http://maven.apache.org/POM/4.0.0" xmlns:xsi="http://www.
w3.org/2001/XMLSchema-instance"
        xsi:schemaLocation="http://maven.apache.org/POM/4.0.0 http://
maven.apache.org/xsd/maven-4.0.0.xsd">
    <modelVersion>4.0.0</modelVersion>

    <artifactId>my-nacos-provider</artifactId>
    <packaging>war</packaging>
    <name>my-nacos-provider Maven Webapp</name>
    <url>http://www.example.com</url>

    <parent>
        <artifactId>my-parent</artifactId>
        <groupId>com.ghy.www</groupId>
        <version>1.0-RELEASE</version>
        <relativePath>../my-parent/pom.xml</relativePath>
    </parent>

    <dependencies>
        <!-- Spring Boot dependencies -->
        <dependency>
            <groupId>org.springframework.boot</groupId>
            <artifactId>spring-boot-starter</artifactId>
        </dependency>

        <!-- Dubbo Registry Nacos -->
        <dependency>
            <groupId>com.alibaba.nacos</groupId>
            <artifactId>nacos-client</artifactId>
            <version>${nacos.version}</version>
        </dependency>

        <dependency>
            <groupId>com.ghy.www</groupId>
            <artifactId>my-api</artifactId>
            <version>1.0-RELEASE</version>
            <scope>compile</scope>
        </dependency>
    </dependencies>
</project>
```

业务类代码如下。

```
package com.ghy.www.my.nacos.provider.service;

import com.ghy.www.api.IService1;

public class HelloService1 implements IService1 {
    @Override
    public String getHello(String username) {
        return "hello1 " + username;
    }
}
```

配置类代码如下。

```
package com.ghy.www.my.nacos.provider.javaconfig;

import com.ghy.www.my.nacos.provider.service.HelloService1;
import org.apache.dubbo.config.annotation.DubboService;
import org.springframework.context.annotation.Bean;
import org.springframework.context.annotation.Configuration;

@Configuration
public class JavaConfigDubbo {
    @Bean
    @DubboService
    public HelloService1 getHelloService1() {
        return new HelloService1();
    }
}
```

配置文件application.yml代码如下。

```
# 应用名称
spring:
  application:
    name: my-nacos-provider

# 配置 dubbo
dubbo:
  registry:
    # 注册中心地址
    address: nacos://${nacos.server-address}:${nacos.
port}/?username=${nacos.username}&password=${nacos.password}
  scan:
    base-packages: com.ghy.www.my.nacos.provider.service # 扫包
```

```
provider:
  host: 192.168.0.103
application:
  logger: slf4j

# nacos 信息
nacos:
  server-address: 192.168.0.103
  password: nacos
  username: nacos
  port: 8848
```

运行类代码如下。

```java
package com.ghy.www;

import org.springframework.boot.autoconfigure.SpringBootApplication;
import org.springframework.boot.builder.SpringApplicationBuilder;

@SpringBootApplication
public class Application {
    public static void main(String[] args) {
        new SpringApplicationBuilder(Application.class)
                .run(args);
    }
}
```

7.13.2 创建服务消费者模块

创建my-nacos-consumer模块。

配置文件pom.xml代码如下。

```xml
<?xml version="1.0" encoding="UTF-8"?>

<project xmlns="http://maven.apache.org/POM/4.0.0" xmlns:xsi="http://www.
w3.org/2001/XMLSchema-instance"
        xsi:schemaLocation="http://maven.apache.org/POM/4.0.0 http://
maven.apache.org/xsd/maven-4.0.0.xsd">
    <modelVersion>4.0.0</modelVersion>

    <artifactId>my-nacos-consumer</artifactId>
    <packaging>war</packaging>
    <name>my-nacos-consumer Maven Webapp</name>
```

```
    <url>http://www.example.com</url>

    <parent>
        <artifactId>my-parent</artifactId>
        <groupId>com.ghy.www</groupId>
        <version>1.0-RELEASE</version>
        <relativePath>../my-parent/pom.xml</relativePath>
    </parent>

    <dependencies>
        <!-- Spring Boot dependencies -->
        <dependency>
            <groupId>org.springframework.boot</groupId>
            <artifactId>spring-boot-starter</artifactId>
        </dependency>

        <dependency>
            <groupId>org.springframework.boot</groupId>
            <artifactId>spring-boot-starter-web</artifactId>
        </dependency>

        <!-- Dubbo Registry Nacos -->
        <dependency>
            <groupId>com.alibaba.nacos</groupId>
            <artifactId>nacos-client</artifactId>
            <version>${nacos.version}</version>
        </dependency>

        <dependency>
            <groupId>com.ghy.www</groupId>
            <artifactId>my-api</artifactId>
            <version>1.0-RELEASE</version>
            <scope>compile</scope>
        </dependency>
    </dependencies>
</project>
```

配置类代码如下。

```
package com.ghy.www.my.nacos.consumer.javaconfig;

import com.ghy.www.api.IService1;
import org.apache.dubbo.config.annotation.DubboReference;
import org.springframework.context.annotation.Configuration;
```

```
@Configuration
public class JavaConfigDubbo {
    @DubboReference
    private IService1 service1;
}
```

控制层代码如下。

```
package com.ghy.www.my.nacos.consumer.controller;

import com.ghy.www.api.IService1;
import org.springframework.beans.factory.annotation.Autowired;
import org.springframework.web.bind.annotation.RequestMapping;
import org.springframework.web.bind.annotation.RestController;

@RestController
public class TestCcontroller {
    @Autowired
    private IService1 service1;

    @RequestMapping("Test1")
    public String test1() {
        System.out.println("public String test1()");
        String helloString = service1.getHello("中国人1");
        return "返回信息: " + helloString;
    }
}
```

配置文件application.yml代码如下。

```
# 应用名称
spring:
  application:
    name: my-nacos-consumer

server:
  port: 8085

# 配置dubbo
dubbo:
  registry:
    # 注册中心地址
    address: nacos://${nacos.host}:${nacos.port}/?username=${nacos.
```

```
username}&password=${nacos.password}
  application:
    logger: slf4j

# nacos 信息
nacos:
  host: 192.168.0.103
  port: 8848
  username: nacos
  password: nacos
```

运行类代码如下。

```
package com.ghy.www;

import org.springframework.boot.autoconfigure.SpringBootApplication;
import org.springframework.boot.builder.SpringApplicationBuilder;

@SpringBootApplication
public class Application {
    public static void main(String[] args) {
        new SpringApplicationBuilder(Application.class)
                .run(args);
    }
}
```

7.13.3　运行效果

（1）启动服务提供者。

（2）启动服务消费者。

（3）执行网址：

```
http://localhost:8085/Test1
```

控制台输出结果如图 7-24 所示。

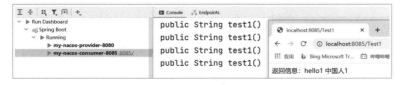

图 7-24　成功实现 RPC 通信

221

7.14 | 结合 ZooKeeper 注册中心集群

本节实现Dubbo结合ZooKeeper注册中心集群。

注意：如果在局域网环境下实现ZooKeeper注册中心集群，当不能访问目标ZooKeeper时，需要更改hosts文件，IP地址设置为ZooKeeper服务所在的服务器IP，示例配置如下。

```
192.168.30.188 www.ghy.com
```

并执行如下命令刷新系统环境。

```
ipconfig /flushdns
```

7.14.1　创建服务提供者模块

创建my-multi-registrycenter-provider模块。

配置文件pom.xml代码如下。

```xml
<?xml version="1.0" encoding="UTF-8"?>

<project xmlns="http://maven.apache.org/POM/4.0.0" xmlns:xsi="http://www.
w3.org/2001/XMLSchema-instance"
        xsi:schemaLocation="http://maven.apache.org/POM/4.0.0 http://
maven.apache.org/xsd/maven-4.0.0.xsd">
    <modelVersion>4.0.0</modelVersion>

    <artifactId>my-multi-registrycenter-provider</artifactId>
    <packaging>war</packaging>
    <name>my-multi-registrycenter-provider Maven Webapp</name>
    <url>http://www.example.com</url>

    <parent>
        <artifactId>my-parent</artifactId>
        <groupId>com.ghy.www</groupId>
        <version>1.0-RELEASE</version>
        <relativePath>../my-parent/pom.xml</relativePath>
    </parent>

    <dependencies>
        <!-- Spring Boot dependencies -->
        <dependency>
            <groupId>org.springframework.boot</groupId>
```

```
            <artifactId>spring-boot-starter</artifactId>
        </dependency>

        <!-- Zookeeper dependencies -->
        <dependency>
            <groupId>org.apache.dubbo</groupId>
            <artifactId>dubbo-dependencies-zookeeper</artifactId>
            <version>${dubbo.version}</version>
            <type>pom</type>
        </dependency>

        <dependency>
            <groupId>com.ghy.www</groupId>
            <artifactId>my-api</artifactId>
            <version>1.0-RELEASE</version>
            <scope>compile</scope>
        </dependency>
    </dependencies>
</project>
```

业务类代码如下。

```
package com.ghy.www.my.multi.registrycenter.provider.service;

import com.ghy.www.api.IService1;

public class HelloService1 implements IService1 {
    @Override
    public String getHello(String username) {
        return "hello1 " + username;
    }
}
```

配置类代码如下。

```
package com.ghy.www.my.multi.registrycenter.provider.javaconfig;

import com.ghy.www.my.multi.registrycenter.provider.service.
HelloService1;
import org.apache.dubbo.config.annotation.DubboService;
import org.springframework.context.annotation.Bean;
import org.springframework.context.annotation.Configuration;

@Configuration
```

```
public class JavaConfigDubbo {
    @Bean
    @DubboService
    public HelloService1 getHelloService1() {
        return new HelloService1();
    }
}
```

配置文件application.yml代码如下。

```
# 应用名称
spring:
  application:
    name: my-multi-registrycenter-provider

# 配置dubbo
dubbo:
  registries:
    provider1:
      address: zookeeper://192.168.0.103
      port: 2181
      timeout: 900000
    provider2:
      address: zookeeper://192.168.0.140
      port: 2181
      timeout: 900000
    provider3:
      address: zookeeper://192.168.0.62
      port: 2181
      timeout: 900000
  scan:
    base-packages: com.ghy.www.my.multi.registrycenter.provider.service #
扫包
  provider:
    host: 192.168.0.103
  application:
    logger: slf4j
```

运行类代码如下。

```
package com.ghy.www;

import org.springframework.boot.autoconfigure.SpringBootApplication;
import org.springframework.boot.builder.SpringApplicationBuilder;
```

```
@SpringBootApplication
public class Application {
    public static void main(String[] args) {
        new SpringApplicationBuilder(Application.class)
                .run(args);
    }
}
```

7.14.2　创建服务消费者模块

创建 my-multi-registrycenter-consumer 模块。

配置文件 pom.xml 代码如下。

```xml
<?xml version="1.0" encoding="UTF-8"?>

<project xmlns="http://maven.apache.org/POM/4.0.0" xmlns:xsi="http://www.
w3.org/2001/XMLSchema-instance"
        xsi:schemaLocation="http://maven.apache.org/POM/4.0.0 http://
maven.apache.org/xsd/maven-4.0.0.xsd">
    <modelVersion>4.0.0</modelVersion>

    <artifactId>my-multi-registrycenter-consumer</artifactId>
    <packaging>war</packaging>
    <name>my-multi-registrycenter-consumer Maven Webapp</name>
    <url>http://www.example.com</url>

    <properties>
        <project.build.sourceEncoding>UTF-8</project.build.
sourceEncoding>
        <maven.compiler.source>1.7</maven.compiler.source>
        <maven.compiler.target>1.7</maven.compiler.target>
    </properties>

    <parent>
        <artifactId>my-parent</artifactId>
        <groupId>com.ghy.www</groupId>
        <version>1.0-RELEASE</version>
        <relativePath>../my-parent/pom.xml</relativePath>
    </parent>

    <dependencies>
```

```xml
        <!-- Spring Boot dependencies -->
        <dependency>
            <groupId>org.springframework.boot</groupId>
            <artifactId>spring-boot-starter</artifactId>
        </dependency>

        <dependency>
            <groupId>org.springframework.boot</groupId>
            <artifactId>spring-boot-starter-web</artifactId>
        </dependency>

        <dependency>
            <groupId>org.apache.dubbo</groupId>
            <artifactId>dubbo-spring-boot-starter</artifactId>
            <version>${dubbo.version}</version>
        </dependency>

        <!-- Zookeeper dependencies -->
        <dependency>
            <groupId>org.apache.dubbo</groupId>
            <artifactId>dubbo-dependencies-zookeeper</artifactId>
            <version>${dubbo.version}</version>
            <type>pom</type>
        </dependency>

        <dependency>
            <groupId>com.ghy.www</groupId>
            <artifactId>my-api</artifactId>
            <version>1.0-RELEASE</version>
            <scope>compile</scope>
        </dependency>
    </dependencies>
</project>
```

配置类代码如下。

```java
package com.ghy.www.my.multi.registrycenter.consumer.javaconfig;

import com.ghy.www.api.IService1;
import org.apache.dubbo.config.annotation.DubboReference;
import org.springframework.context.annotation.Configuration;

@Configuration
```

```
public class JavaConfigDubbo {
    @DubboReference
    private IService1 service1;
}
```

控制层代码如下。

```
package com.ghy.www.my.multi.registrycenter.consumer.controller;

import com.ghy.www.api.IService1;
import org.springframework.beans.factory.annotation.Autowired;
import org.springframework.web.bind.annotation.RequestMapping;
import org.springframework.web.bind.annotation.RestController;

@RestController
public class TestCcontroller {
    @Autowired
    private IService1 service1;

    @RequestMapping("Test1")
    public String test1() {
        System.out.println("public String test1()");
        String helloString = service1.getHello("中国人1");
        return "返回信息: " + helloString;
    }
}
```

配置文件application.yml代码如下。

```
# 应用名称
spring:
  application:
    name: my-multi-registrycenter-consumer

server:
  port: 8085

# 配置 dubbo
dubbo:
  registries:
    provider1:
      address: zookeeper://192.168.0.103
      port: 2181
      timeout: 900000
```

```
    provider2:
      address: zookeeper://192.168.0.140
      port: 2181
      timeout: 900000
    provider3:
      address: zookeeper://192.168.0.62
      port: 2181
      timeout: 900000
  application:
    logger: slf4j
```

运行类代码如下。

```
package com.ghy.www;

import org.springframework.boot.autoconfigure.SpringBootApplication;
import org.springframework.boot.builder.SpringApplicationBuilder;

@SpringBootApplication
public class Application {
    public static void main(String[] args) {
        new SpringApplicationBuilder(Application.class)
                .run(args);
    }
}
```

7.14.3　运行效果

（1）启动服务提供者。

（2）启动服务消费者。

（3）执行网址：

```
http://localhost:8085/Test1
```

控制台输出结果如图 7-25 所示。

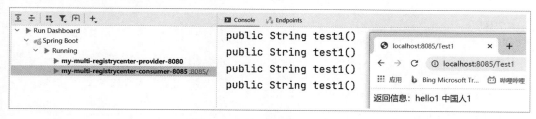

图 7-25　成功实现 RPC 通信

第8章

Dubbo高级技能

本章介绍Dubbo的必备技能，这些内容都是Dubbo的高频使用点。

8.1 服务提供者集群

本节实现服务提供者集群。

8.1.1 创建服务提供者模块

创建my-providercluster-provider模块。

配置文件pom.xml代码如下。

```xml
<?xml version="1.0" encoding="UTF-8"?>

<project xmlns="http://maven.apache.org/POM/4.0.0" xmlns:xsi="http://www.
w3.org/2001/XMLSchema-instance"
        xsi:schemaLocation="http://maven.apache.org/POM/4.0.0 http://
maven.apache.org/xsd/maven-4.0.0.xsd">
    <modelVersion>4.0.0</modelVersion>

    <artifactId>my-providercluster-provider</artifactId>
    <packaging>war</packaging>
    <name>my-providercluster-provider Maven Webapp</name>
    <url>http://www.example.com</url>

    <parent>
        <artifactId>my-parent</artifactId>
        <groupId>com.ghy.www</groupId>
        <version>1.0-RELEASE</version>
        <relativePath>../my-parent/pom.xml</relativePath>
    </parent>

    <dependencies>
        <!-- Spring Boot dependencies -->
        <dependency>
            <groupId>org.springframework.boot</groupId>
            <artifactId>spring-boot-starter</artifactId>
        </dependency>

        <!-- Zookeeper dependencies -->
        <dependency>
```

```
        <groupId>org.apache.dubbo</groupId>
        <artifactId>dubbo-dependencies-zookeeper</artifactId>
        <version>${dubbo.version}</version>
        <type>pom</type>
    </dependency>

    <dependency>
        <groupId>com.ghy.www</groupId>
        <artifactId>my-api</artifactId>
        <version>1.0-RELEASE</version>
        <scope>compile</scope>
    </dependency>
  </dependencies>
</project>
```

配置类代码如下。

```
package com.ghy.www.my.providercluster.provider.javaconfig;

import com.ghy.www.my.providercluster.provider.service.HelloService;
import org.apache.dubbo.config.annotation.DubboService;
import org.springframework.context.annotation.Bean;
import org.springframework.context.annotation.Configuration;

@Configuration
public class JavaConfigDubbo {
    @Bean
    @DubboService
    public HelloService getHelloService1() {
        return new HelloService();
    }
}
```

业务类代码如下。

```
package com.ghy.www.my.providercluster.provider.service;

import com.ghy.www.api.IService1;
import org.springframework.beans.factory.annotation.Value;

public class HelloService implements IService1 {
    @Value("${server.port}")
    private int portValue;
```

```
    @Override
    public String getHello(String username) {
        String returnString = "hello " + username + " port=" + portValue;
        System.out.println(returnString);
        return returnString;
    }
}
```

配置文件application-8085.yml代码如下。

```
# 应用名称
spring:
  application:
    name: my-providercluster-provider

server:
  port: 8085

# 配置 dubbo
dubbo:
  registry:
    # 注册中心地址
    address: zookeeper://192.168.0.103
    port: 2181
  scan:
    base-packages: com.ghy.www.my.providercluster.provider.service # 扫包
  protocol:
    port: 20881 # 服务提供者端口
  provider:
    host: 192.168.0.103
  application:
    logger: slf4j
```

配置文件application-8086.yml代码如下。

```
# 应用名称
spring:
  application:
    name: my-providercluster-provider

server:
  port: 8086

# 配置 dubbo
```

```
dubbo:
  registry:
    # 注册中心地址
    address: zookeeper://192.168.0.103
    port: 2181
  scan:
    base-packages: com.ghy.www.my.providercluster.provider.service  # 扫包
  protocol:
    port: 20882  # 服务提供者端口
  provider:
    host: 192.168.0.103
  application:
    logger: slf4j
```

配置文件application-8087.yml代码如下。

```
# 应用名称
spring:
  application:
    name: my-providercluster-provider

server:
  port: 8087

# 配置 dubbo
dubbo:
  registry:
    # 注册中心地址
    address: zookeeper://192.168.0.103
    port: 2181
  scan:
    base-packages: com.ghy.www.my.providercluster.provider.service  # 扫包
  protocol:
    port: 20883  # 服务提供者端口
  provider:
    host: 192.168.0.103
  application:
    logger: slf4j
```

运行类代码如下。

```
package com.ghy.www;

import org.springframework.boot.autoconfigure.SpringBootApplication;
```

```java
import org.springframework.boot.builder.SpringApplicationBuilder;

@SpringBootApplication
public class Application {
    public static void main(String[] args) {
        new SpringApplicationBuilder(Application.class)
                .run(args);
    }
}
```

8.1.2　创建服务消费者模块

创建my-providercluster-consumer模块。

配置文件pom.xml代码如下。

```xml
<?xml version="1.0" encoding="UTF-8"?>

<project xmlns="http://maven.apache.org/POM/4.0.0" xmlns:xsi="http://www.
w3.org/2001/XMLSchema-instance"
        xsi:schemaLocation="http://maven.apache.org/POM/4.0.0 http://
maven.apache.org/xsd/maven-4.0.0.xsd">
    <modelVersion>4.0.0</modelVersion>

    <artifactId>my-providercluster-consumer</artifactId>
    <packaging>war</packaging>
    <name>my-providercluster-consumer Maven Webapp</name>
    <url>http://www.example.com</url>

    <parent>
        <artifactId>my-parent</artifactId>
        <groupId>com.ghy.www</groupId>
        <version>1.0-RELEASE</version>
        <relativePath>../my-parent/pom.xml</relativePath>
    </parent>

    <dependencies>
        <!-- Spring Boot dependencies -->
        <dependency>
            <groupId>org.springframework.boot</groupId>
            <artifactId>spring-boot-starter</artifactId>
        </dependency>
```

```
    <dependency>
        <groupId>org.springframework.boot</groupId>
        <artifactId>spring-boot-starter-web</artifactId>
    </dependency>

    <!-- Zookeeper dependencies -->
    <dependency>
        <groupId>org.apache.dubbo</groupId>
        <artifactId>dubbo-dependencies-zookeeper</artifactId>
        <version>${dubbo.version}</version>
        <type>pom</type>
    </dependency>

    <dependency>
        <groupId>com.ghy.www</groupId>
        <artifactId>my-api</artifactId>
        <version>1.0-RELEASE</version>
        <scope>compile</scope>
    </dependency>
    </dependencies>
</project>
```

配置类代码如下。

```
package com.ghy.www.my.providercluster.consumer.javaconfig;

import com.ghy.www.api.IService1;
import org.apache.dubbo.config.annotation.DubboReference;
import org.springframework.context.annotation.Configuration;

@Configuration
public class JavaConfigDubbo {
    @DubboReference
    private IService1 service1;
}
```

控制层代码如下。

```
package com.ghy.www.my.providercluster.consumer.controller;

import com.ghy.www.api.IService1;
import org.springframework.beans.factory.annotation.Autowired;
import org.springframework.web.bind.annotation.RequestMapping;
import org.springframework.web.bind.annotation.RestController;
```

```java
@RestController
public class TestCcontroller {
    @Autowired
    private IService1 service1;

    @RequestMapping("Test1")
    public String test1() {
        // 默认是 random 随机调用
        System.out.println("public String test1()");
        String helloString = service1.getHello("中国人1");
        return "返回信息: " + helloString;
    }
}
```

配置文件application.yml代码如下。

```yaml
# 应用名称
spring:
  application:
    name: my-providercluster-consumer

server:
  port: 8091

# 配置 dubbo
dubbo:
  registry:
    # 注册中心地址
    address: zookeeper://192.168.0.103
    port: 2181
  application:
    logger: slf4j
```

运行类代码如下。

```java
package com.ghy.www;

import org.springframework.boot.autoconfigure.SpringBootApplication;
import org.springframework.boot.builder.SpringApplicationBuilder;

@SpringBootApplication
public class Application {
    public static void main(String[] args) {
```

```
        new SpringApplicationBuilder(Application.class)
                .run(args);
    }
}
```

8.1.3　运行效果

（1）启动 3 个服务提供者。

（2）启动 1 个服务消费者。

（3）多次执行网址：

```
http://localhost:8091/Test1
```

控制台输出结果如图 8-1 所示。

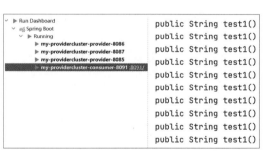 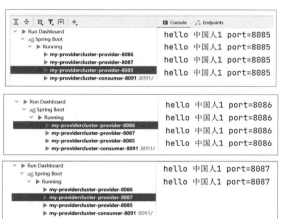

图 8-1　成功实现服务提供者集群

8.2　集群容错

集群调用失败时，Dubbo 提供如下几种容错方案。

（1）Failover Cluster：失败自动切换。当出现失败时会重试其他服务器，通常用于读操作，但重试会带来更长的延迟，可通过 retries="2" 来设置重试次数（不含第一次）。

（2）Failfast Cluster：快速失败。只发起一次调用，失败立即报错，通常用于非幂等性的写操作，比如新增记录。

（3）Failsafe Cluster：失败安全。出现异常时会直接忽略，通常用于写入审计日志等操作。

（4）Failback Cluster：失败自动恢复。后台记录失败的请求，然后定时重发，通常用于消息通知相关的操作。

（5）Forking Cluster：并行调用多个服务器，只要一个成功就返回。通常用于实时性要求较高的读操作，但需要浪费更多服务资源，可通过forks="2"来设置最大并行数。

（6）Broadcast Cluster：广播调用所有提供者，逐个调用，任意一台报错则报错，通常用于通知所有提供者更新缓存或日志等本地资源信息。

默认值为Failover Cluster失败自动切换。

8.2.1　创建服务提供者模块

创建my-fault-tolerant-provider模块。

配置文件pom.xml代码如下。

```xml
<?xml version="1.0" encoding="UTF-8"?>

<project xmlns="http://maven.apache.org/POM/4.0.0" xmlns:xsi="http://www.
w3.org/2001/XMLSchema-instance"
        xsi:schemaLocation="http://maven.apache.org/POM/4.0.0 http://
maven.apache.org/xsd/maven-4.0.0.xsd">
    <modelVersion>4.0.0</modelVersion>

    <artifactId>my-fault-tolerant-provider</artifactId>
    <packaging>war</packaging>
    <name>my-fault-tolerant-provider Maven Webapp</name>
    <url>http://www.example.com</url>

    <parent>
        <artifactId>my-parent</artifactId>
        <groupId>com.ghy.www</groupId>
        <version>1.0-RELEASE</version>
        <relativePath>../my-parent/pom.xml</relativePath>
    </parent>

    <dependencies>
        <!-- Spring Boot dependencies -->
        <dependency>
            <groupId>org.springframework.boot</groupId>
            <artifactId>spring-boot-starter</artifactId>
        </dependency>

        <!-- Zookeeper dependencies -->
```

```xml
        <dependency>
            <groupId>org.apache.dubbo</groupId>
            <artifactId>dubbo-dependencies-zookeeper</artifactId>
            <version>${dubbo.version}</version>
            <type>pom</type>
        </dependency>

        <dependency>
            <groupId>com.ghy.www</groupId>
            <artifactId>my-api</artifactId>
            <version>1.0-RELEASE</version>
            <scope>compile</scope>
        </dependency>
    </dependencies>
</project>
```

配置类代码如下。

```java
package com.ghy.www.my.fault.tolerant.provider.javaconfig;

import com.ghy.www.my.fault.tolerant.provider.service.*;
import org.apache.dubbo.config.annotation.DubboService;
import org.springframework.context.annotation.Bean;
import org.springframework.context.annotation.Configuration;

@Configuration
public class JavaConfigDubbo {
    @Bean
    @DubboService
    public HelloService1 getHelloService1() {
        return new HelloService1();
    }

    @Bean
    @DubboService
    public HelloService2 getHelloService2() {
        return new HelloService2();
    }

    @Bean
    @DubboService
    public HelloService3 getHelloService3() {
        return new HelloService3();
```

```
    }

    @Bean
    @DubboService
    public HelloService4 getHelloService4() {
        return new HelloService4();
    }

    @Bean
    @DubboService
    public HelloService5 getHelloService5() {
        return new HelloService5();
    }

    @Bean
    @DubboService
    public HelloService6 getHelloService6() {
        return new HelloService6();
    }

    @Bean
    @DubboService
    public HelloService8 getHelloService8() {
        return new HelloService8();
    }

    @Bean
    @DubboService
    public HelloService9 getHelloService9() {
        return new HelloService9();
    }
}
```

业务类代码如下。

```
package com.ghy.www.my.fault.tolerant.provider.service;

import com.ghy.www.api.IService1;
import org.springframework.beans.factory.annotation.Value;

public class HelloService1 implements IService1 {
    @Value("${server.port}")
    private int portValue;
```

```
    @Override
    public String getHello(String username) {
        System.out.println("HelloService1 portValue=" + portValue + "
username=" + username);
        try {
            if (portValue == 8085) {
                Thread.sleep(10000);
            }
        } catch (InterruptedException e) {
            e.printStackTrace();
        }
        return "hello1 " + username + " port=" + portValue;
    }
}


package com.ghy.www.my.fault.tolerant.provider.service;

import com.ghy.www.api.IService2;
import org.springframework.beans.factory.annotation.Value;

public class HelloService2 implements IService2 {
    @Value("${server.port}")
    private int portValue;

    @Override
    public String getHello(String username) {
        System.out.println("HelloService2 portValue=" + portValue + "
username=" + username);
        try {
            if (portValue == 8085) {
                Thread.sleep(10000);
            }
        } catch (InterruptedException e) {
            e.printStackTrace();
        }
        return "hello2 " + username + " port=" + portValue;
    }
}


package com.ghy.www.my.fault.tolerant.provider.service;
```

```
import com.ghy.www.api.IService3;
import org.springframework.beans.factory.annotation.Value;

public class HelloService3 implements IService3 {
    @Value("${server.port}")
    private int portValue;

    @Override
    public String getHello(String username) {
        System.out.println("HelloService3 portValue=" + portValue + "
username=" + username);
        try {
            if (portValue == 8085) {
                Thread.sleep(10000);
            }
        } catch (InterruptedException e) {
            e.printStackTrace();
        }
        return "hello3 " + username + " port=" + portValue;
    }
}

package com.ghy.www.my.fault.tolerant.provider.service;

import com.ghy.www.api.IService4;
import org.springframework.beans.factory.annotation.Value;

public class HelloService4 implements IService4 {
    @Value("${server.port}")
    private int portValue;

    @Override
    public String getHello(String username) {
        System.out.println("HelloService4 portValue=" + portValue + "
username=" + username);
        try {
            if (username.equals(" 中国人 4-2995") && portValue == 8085) {
                System.out.println("username.equals(\" 中国人 4-2995\") &&
portValue == 8085");
                Thread.sleep(Integer.MAX_VALUE);
            }
        } catch (InterruptedException e) {
```

```
                e.printStackTrace();
        }
        return "hello4 " + username + " port=" + portValue;
    }
}


package com.ghy.www.my.fault.tolerant.provider.service;

import com.ghy.www.api.IService5;
import org.springframework.beans.factory.annotation.Value;

public class HelloService5 implements IService5 {
    @Value("${server.port}")
    private int portValue;

    @Override
    public String getHello(String username) {
        System.out.println("HelloService5 portValue=" + portValue + "
username=" + username);
        try {
            if (portValue == 8085) {
                System.out.println("portValue == 8085");
                Thread.sleep(10000);
            }
            if (portValue == 8087) {
                System.out.println("portValue == 8087");
                Thread.sleep(10000);
            }
        } catch (InterruptedException e) {
            e.printStackTrace();
        }
        return "hello5 " + username + " port=" + portValue;
    }
}


package com.ghy.www.my.fault.tolerant.provider.service;

import com.ghy.www.api.IService6;
import org.springframework.beans.factory.annotation.Value;

public class HelloService6 implements IService6 {
    @Value("${server.port}")
```

```
        private int portValue;

    @Override
    public String getHello(String username) {
        System.out.println("HelloService6 portValue=" + portValue + "
username=" + username);
        try {
            if (portValue == 8085) {
                Thread.sleep(10000);
            }
        } catch (InterruptedException e) {
            e.printStackTrace();
        }
        return "hello6 " + username + " port=" + portValue;
    }
}


package com.ghy.www.my.fault.tolerant.provider.service;

import com.ghy.www.api.IService8;
import org.springframework.beans.factory.annotation.Value;

public class HelloService8 implements IService8 {
    @Value("${server.port}")
    private int portValue;

    @Override
    public String getHello(String username) {
        System.out.println("HelloService8 portValue=" + portValue + "
username=" + username + " " + System.currentTimeMillis());
        try {
            Thread.sleep(10000);
        } catch (InterruptedException e) {
            e.printStackTrace();
        }
        return "hello8 " + username + " port=" + portValue;
    }
}


package com.ghy.www.my.fault.tolerant.provider.service;

import com.ghy.www.api.IService9;
```

```
import org.springframework.beans.factory.annotation.Value;

public class HelloService9 implements IService9 {
    @Value("${server.port}")
    private int portValue;

    @Override
    public String getHello(String username) {
        System.out.println("HelloService9 portValue=" + portValue + "
username=" + username + " " + System.currentTimeMillis());
        try {
            Thread.sleep(10000);
        } catch (InterruptedException e) {
            e.printStackTrace();
        }
        return "hello9 " + username + " port=" + portValue;
    }
}
```

配置文件application-8085.yml代码如下。

```
# 应用名称
spring:
  application:
    name: my-fault-tolerant-provider-8085

server:
  port: 8085

# 配置dubbo
dubbo:
  registry:
    # 注册中心地址
    address: zookeeper://192.168.0.103
    port: 2181
  scan:
    base-packages: com.ghy.www.my.fault.tolerant.provider.service  # 扫包
  protocol:
    port: 20881
  provider:
    host: 192.168.0.103
  application:
    logger: slf4j
```

配置文件application-8086.yml代码如下。

```
# 应用名称
spring:
  application:
    name: my-fault-tolerant-provider-8086

server:
  port: 8086

# 配置dubbo
dubbo:
  registry:
    # 注册中心地址
    address: zookeeper://192.168.0.103
    port: 2181
  scan:
    base-packages: com.ghy.www.my.fault.tolerant.provider.service # 扫包
  protocol:
    port: 20882
  provider:
    host: 192.168.0.103
  application:
    logger: slf4j
```

配置文件application-8087.yml代码如下。

```
# 应用名称
spring:
  application:
    name: my-fault-tolerant-provider-8087

server:
  port: 8087

# 配置dubbo
dubbo:
  registry:
    # 注册中心地址
    address: zookeeper://192.168.0.103
    port: 2181
  scan:
    base-packages: com.ghy.www.my.fault.tolerant.provider.service # 扫包
```

```
  protocol:
    port: 20883
  provider:
    host: 192.168.0.103
  application:
    logger: slf4j
```

运行类代码如下。

```java
package com.ghy.www;

import org.springframework.boot.autoconfigure.SpringBootApplication;
import org.springframework.boot.builder.SpringApplicationBuilder;

@SpringBootApplication
public class Application {
    public static void main(String[] args) {
        new SpringApplicationBuilder(Application.class)
                .run(args);
    }
}
```

8.2.2　创建服务消费者模块

创建 my-fault-tolerant-consumer 模块。

配置文件 pom.xml 代码如下。

```xml
<?xml version="1.0" encoding="UTF-8"?>

<project xmlns="http://maven.apache.org/POM/4.0.0" xmlns:xsi="http://www.
w3.org/2001/XMLSchema-instance"
        xsi:schemaLocation="http://maven.apache.org/POM/4.0.0 http://
maven.apache.org/xsd/maven-4.0.0.xsd">
    <modelVersion>4.0.0</modelVersion>

    <artifactId>my-fault-tolerant-consumer</artifactId>
    <packaging>war</packaging>
    <name>my-fault-tolerant-consumer Maven Webapp</name>
    <url>http://www.example.com</url>

    <parent>
        <artifactId>my-parent</artifactId>
```

```xml
        <groupId>com.ghy.www</groupId>
        <version>1.0-RELEASE</version>
        <relativePath>../my-parent/pom.xml</relativePath>
    </parent>

    <dependencies>
        <!-- Spring Boot dependencies -->
        <dependency>
            <groupId>org.springframework.boot</groupId>
            <artifactId>spring-boot-starter</artifactId>
        </dependency>

        <dependency>
            <groupId>org.springframework.boot</groupId>
            <artifactId>spring-boot-starter-web</artifactId>
        </dependency>

        <!-- Zookeeper dependencies -->
        <dependency>
            <groupId>org.apache.dubbo</groupId>
            <artifactId>dubbo-dependencies-zookeeper</artifactId>
            <version>${dubbo.version}</version>
            <type>pom</type>
        </dependency>

        <dependency>
            <groupId>com.ghy.www</groupId>
            <artifactId>my-api</artifactId>
            <version>1.0-RELEASE</version>
            <scope>compile</scope>
        </dependency>

        <dependency>
            <groupId>io.fabric8</groupId>
            <artifactId>kubernetes-client</artifactId>
            <version>4.0.0</version><!-- 对应 k8s 的 1.9 版本 -->
        </dependency>
    </dependencies>
</project>
```

配置类代码如下。

```
package com.ghy.www.my.fault.tolerant.consumer.javaconfig;

import com.ghy.www.api.*;
import org.apache.dubbo.common.constants.ClusterRules;
import org.apache.dubbo.config.annotation.DubboReference;
import org.springframework.context.annotation.Configuration;

@Configuration
public class JavaConfigDubbo {
    @DubboReference(cluster = ClusterRules.FAIL_OVER)
    private IService1 service1;

    @DubboReference(cluster = ClusterRules.FAIL_FAST)
    private IService2 service2;

    @DubboReference(cluster = ClusterRules.FAIL_SAFE)
    private IService3 service3;

    @DubboReference(cluster = ClusterRules.FAIL_BACK)
    private IService4 service4;

    @DubboReference(cluster = ClusterRules.FORKING)
    private IService5 service5;

    @DubboReference(cluster = ClusterRules.BROADCAST)
    private IService6 service6;

    @DubboReference(cluster = ClusterRules.FAIL_OVER, retries = 5)
    private IService8 service8;

    @DubboReference(cluster = ClusterRules.FAIL_BACK, retries = 5)
    private IService9 service9;
}
```

控制层代码如下。

```
package com.ghy.www.my.fault.tolerant.consumer.controller;

import com.ghy.www.api.*;
import org.springframework.beans.factory.annotation.Autowired;
import org.springframework.web.bind.annotation.RequestMapping;
import org.springframework.web.bind.annotation.RestController;
```

```java
import javax.servlet.http.HttpServletRequest;
import javax.servlet.http.HttpServletResponse;

@RestController
public class TestController {
    @Autowired
    private IService1 service1;
    @Autowired
    private IService2 service2;
    @Autowired
    private IService3 service3;
    @Autowired
    private IService4 service4;
    @Autowired
    private IService5 service5;
    @Autowired
    private IService6 service6;
    @Autowired
    private IService8 service8;
    @Autowired
    private IService9 service9;

    @RequestMapping("Test1")
    public String test1() {
        String helloString = service1.getHello(" 中国人 1");
        System.out.println("public String test1() " + helloString);
        return " 返回信息: " + helloString;
    }

    @RequestMapping("Test2")
    public String test2() {
        String helloString = service2.getHello(" 中国人 2");
        System.out.println("public String test2() " + helloString);
        return " 返回信息: " + helloString;
    }

    @RequestMapping("Test3")
    public String test3() {
        String helloString = service3.getHello(" 中国人 3");
        System.out.println("public String test3() " + helloString);
        return " 返回信息: " + helloString;
```

```
    }

    @RequestMapping("Test4")
    public void test4(HttpServletRequest request, HttpServletResponse
response) {
        for (int i = 0; i < 3000; i++) {
            String helloString = service4.getHello("中国人 4-" + (i + 1));
            System.out.println("public String test4() " + helloString + "
i=" + (i + 1));
            Thread.yield();
        }
    }

    @RequestMapping("Test5")
    public String test5() {
        String helloString = service5.getHello("中国人 5");
        System.out.println("public String test5() " + helloString);
        return "返回信息: " + helloString;
    }

    @RequestMapping("Test6")
    public String test6() {
        String helloString = service6.getHello("中国人 6");
        System.out.println("public String test6() " + helloString);
        return "返回信息: " + helloString;
    }

    @RequestMapping("Test1_Diff")
    public String test1_Diff() {
        String helloString = service8.getHello("中国人 8");
        System.out.println("public String test1_Diff() " + helloString);
        return "返回信息: " + helloString;
    }

    @RequestMapping("Test4_Diff")
    public String test4_Diff() {
        String helloString = service9.getHello("中国人 9");
        System.out.println("public String test4_Diff() " + helloString);
        return "返回信息: " + helloString;
    }
}
```

配置文件application.yml代码如下。

```
# 应用名称
spring:
  application:
    name: my-fault-tolerant-consumer

server:
  port: 8091

# 配置 dubbo
dubbo:
  registry:
    # 注册中心地址
    address: zookeeper://192.168.0.103
    port: 2181
  protocol:
    name: dubbo
  consumer:
    forks: 3 # 配置 cluster = ClusterRules.FORKING 并发数量
  application:
    logger: slf4j
```

运行类代码如下。

```
package com.ghy.www;

import org.springframework.boot.autoconfigure.SpringBootApplication;
import org.springframework.boot.builder.SpringApplicationBuilder;

@SpringBootApplication
public class Application {
    public static void main(String[] args) {
        new SpringApplicationBuilder(Application.class)
                .run(args);
    }
}
```

启动 3 个使用不同端口的服务提供者。

启动 1 个服务消费者。

8.2.3 FAIL_OVER 的运行效果

执行如下网址：

```
http://localhost:8091/Test1
```

运气不错，直接执行端口为 8085 的服务提供者，如图 8-2 所示。

图 8-2　执行端口为 8085 的服务提供者

项目 my-fault-tolerant-consumer 服务消费者出现了超时异常，完整的异常信息如下。

```
org.apache.dubbo.rpc.RpcException: Invoke remote method timeout. method:
getHello, provider: DefaultServiceInstance{, serviceName='my-fault-
tolerant-provider-8085', host='192.168.0.103', port=20881, enabled=true,
healthy=true, metadata={dubbo.endpoints=[{"port":20881,"protocol":"dub
bo"}], dubbo.metadata-service.url-params={"connections":"1","version":"
1.0.0","dubbo":"2.0.2","release":"3.0.5","port":"20881","protocol":"du
bbo"}, dubbo.metadata.revision=6268c3ad4da755dafedf9ad2fa97c307, dubbo.
metadata.storage-type=local}}, service{name='com.ghy.www.api.IServic
e1',group='null',version='null',protocol='dubbo',params={side=provid
er, release=3.0.5, methods=getHello, logger=slf4j, deprecated=false,
dubbo=2.0.2, interface=com.ghy.www.api.IService1, service-name-
mapping=true, generic=false, metadata-type=remote, application=my-fault-
tolerant-provider-8085, background=false, dynamic=true, anyhost=false},},
cause: org.apache.dubbo.remoting.TimeoutException: Waiting server-side
response timeout by scan timer. start time: 2022-03-01 17:56:35.409, end
time: 2022-03-01 17:56:36.425, client elapsed: 1 ms, server elapsed: 1015
ms, timeout: 1000 ms, request: Request [id=33, version=2.0.2, twoway=true,
event=false, broken=false, data=null], channel: /192.168.0.103:57941 ->
/192.168.0.103:20881

public String test1() hello1 中国人 1 port=8086
```

在最后输出信息 "public String test1() hello1 中国人 1 port=8086"，说明执行了端口为 8085 的服务提供者超时后，重试了端口为 8086 的服务提供者，这时运行结果是正常的。

端口为 8086 的服务提供者控制台输出结果如图 8-3 所示。

图 8-3 执行端口为 8086 的服务提供者

端口为 8087 的服务提供者控制台输出结果如图 8-4 所示。

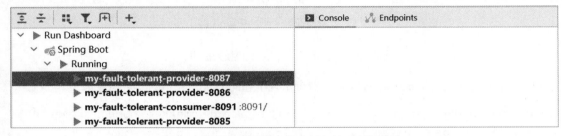

图 8-4 没有执行端口为 8087 的服务提供者

8.2.4 FAIL_FAST 的运行效果

执行如下网址：

```
http://localhost:8091/Test2
```

运气不错，直接执行端口为 8085 的服务提供者，如图 8-5 所示。

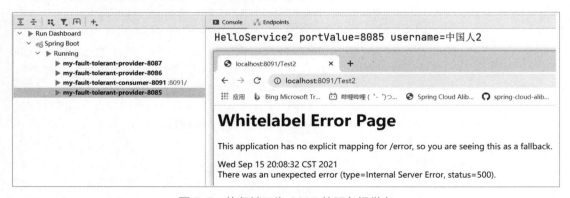

图 8-5 执行端口为 8085 的服务提供者

项目my-fault-tolerant-consumer服务消费者出现了超时异常，完整的异常信息如下。

```
org.apache.dubbo.remoting.TimeoutException: Waiting server-side response
timeout by scan timer. start time: 2022-03-02 14:05:38.259, end time:
2022-03-02 14:05:39.268, client elapsed: 0 ms, server elapsed: 1009 ms,
```

```
timeout: 1000 ms, request: Request [id=37, version=2.0.2, twoway=true,
event=false, broken=false, data=null], channel: /192.168.0.103:55591 ->
/192.168.0.103:20881
```

端口为 8086 的服务提供者控制台输出结果为空，如图 8-6 所示。

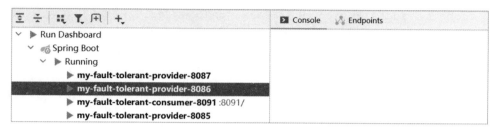

图 8-6　端口为 8086 的服务提供者控制台输出结果

端口为 8087 的服务提供者控制台输出结果为空，如图 8-7 所示。

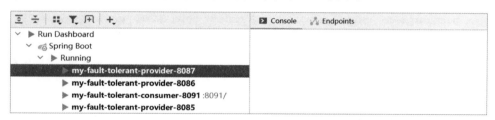

图 8-7　端口为 8087 的服务提供者控制台输出结果

8.2.5　FAIL_SAFE 的运行效果

执行如下网址：

```
http://localhost:8091/Test3
```

运气不错，直接执行端口为 8085 的服务提供者，如图 8-8 所示。

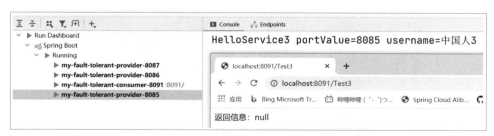

图 8-8　执行端口为 8085 的服务提供者

项目 my-fault-tolerant-consumer 服务消费者出现了超时异常，完整的异常信息如下。

```
org.apache.dubbo.rpc.RpcException: Invoke remote method timeout. method:
```

```
getHello, provider: DefaultServiceInstance{, serviceName='my-fault-
tolerant-provider-8085', host='192.168.0.103', port=20881, enabled=true,
healthy=true, metadata={dubbo.endpoints=[{"port":20881,"protocol":"dub
bo"}], dubbo.metadata-service.url-params={"connections":"1","version":"
1.0.0","dubbo":"2.0.2","release":"3.0.5","port":"20881","protocol":"du
bbo"}, dubbo.metadata.revision=6268c3ad4da755dafedf9ad2fa97c307, dubbo.
metadata.storage-type=local}}, service{name='com.ghy.www.api.IServic
e3',group='null',version='null',protocol='dubbo',params={side=provid
er, release=3.0.5, methods=getHello, logger=slf4j, deprecated=false,
dubbo=2.0.2, interface=com.ghy.www.api.IService3, service-name-
mapping=true, generic=false, metadata-type=remote, application=my-fault-
tolerant-provider-8085, background=false, dynamic=true, anyhost=false},},
cause: org.apache.dubbo.remoting.TimeoutException: Waiting server-side
response timeout by scan timer. start time: 2022-03-02 14:32:53.184, end
time: 2022-03-02 14:32:54.208, client elapsed: 0 ms, server elapsed:
1024 ms, timeout: 1000 ms, request: Request [id=120, version=2.0.2,
twoway=true, event=false, broken=false, data=null], channel:
/192.168.0.103:55591 -> /192.168.0.103:20881

public String test3() null
```

在最后输出信息"public String test3() null"。

端口为 8086 的服务提供者控制台输出结果为空，如图 8-9 所示。

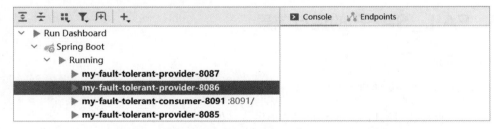

图 8-9　端口为 8086 的服务提供者控制台输出结果

端口为 8087 的服务提供者控制台输出结果为空，如图 8-10 所示。

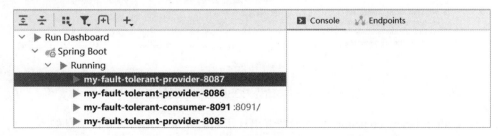

图 8-10　端口为 8087 的服务提供者控制台输出结果

8.2.6 FAIL_BACK 的运行效果

执行如下网址：

```
http://localhost:8091/Test4
```

运气不错，第 2995 次请求执行了端口为 8085 的服务提供者，如图 8-11 所示。

图 8-11　执行端口为 8085 的服务提供者

出现超时后将第 2995 次请求转发给端口为 8086 的服务提供者，如图 8-12 所示。

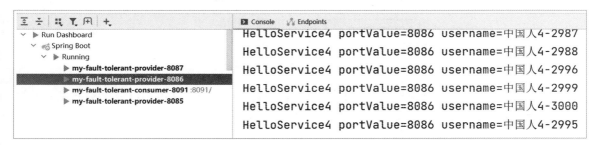

图 8-12　执行端口为 8086 的服务提供者

端口为 8087 的服务提供者控制台输出结果如图 8-13 所示。

图 8-13　端口为 8087 的服务提供者控制台输出结果

把 3 个服务提供者控制台中输出的内容进行统计汇总，一共 3002 次输出，如图 8-14 所示。

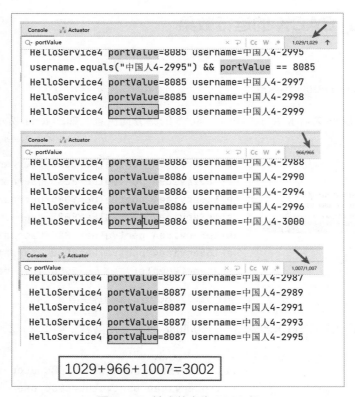

图 8-14　输出信息为 3002 行

其中端口为 8085 的服务提供者执行的第 2995 次消费由于超时，转由端口为 8087 的服务提供者提供了服务。

8.2.7　FAIL_OVER 和 FAIL_BACK 的区别

FAIL_OVER 和 FAIL_BACK 容错策略在运行效果上非常相似：当某一个服务提供者没有正确提供服务时，就换一个服务提供者继续调用，并且都有重试次数限制。但 FAIL_OVER 和 FAIL_BACK 两者之间还是有区别的。

（1）FAIL_OVER：某一个服务提供者不能提供服务时，立即切换到下一个服务提供者进行尝试，具有立即重试的效果。

（2）FAIL_BACK：某一个服务提供者不能提供服务时，默认是 5 秒后切换到下一个服务提供者进行尝试，具有定时重试的效果。

先来测试一下（1）情况，执行网址：

```
http://localhost:8091/Test1_Diff
```

3 个服务提供者控制台输出的时间排序如下。

```
HelloService8 portValue=8087 username= 中国人 8 1631705681177
```

```
HelloService8 portValue=8085 username= 中国人 8 1631705682183
HelloService8 portValue=8085 username= 中国人 8 1631705683159
HelloService8 portValue=8087 username= 中国人 8 1631705684178
HelloService8 portValue=8087 username= 中国人 8 1631705685194
HelloService8 portValue=8087 username= 中国人 8 1631705686215
```

可以发现，几乎是每隔 1 秒就切换到下一个服务提供者进行尝试调用。

执行 6 次的原因是重试次数为 5。

```
@DubboReference(cluster = ClusterRules.FAIL_OVER, retries = 5)
```

再加上原始的 1 次，1+5=6 次。

再来测试一下（2）情况，执行网址：

```
http://localhost:8091/Test4_Diff
```

3 个服务提供者控制台输出的时间排序如下。

```
HelloService9 portValue=8085 username= 中国人 9 1631705753329
HelloService9 portValue=8087 username= 中国人 9 1631705760238
HelloService9 portValue=8085 username= 中国人 9 1631705767237
HelloService9 portValue=8086 username= 中国人 9 1631705774246
HelloService9 portValue=8085 username= 中国人 9 1631705781238
HelloService9 portValue=8087 username= 中国人 9 1631705788237
```

可以发现，几乎是每隔 7 秒（默认是 5 秒，多余的 2 秒是通信耗损等耗时）就切换到下一个服务提供者进行尝试调用。

8.2.8　FORKING 的运行效果

执行如下网址：

```
http://localhost:8091/Test5
```

端口为 8085 的服务提供者控制台输出结果如图 8-15 所示。

图 8-15　端口为 8085 的服务提供者控制台输出结果

端口为 8087 的服务提供者控制台输出结果如图 8-16 所示。

图 8-16　端口为 8087 的服务提供者控制台输出结果

端口为 8086 的服务提供者控制台输出结果如图 8-17 所示。

图 8-17　端口为 8086 的服务提供者控制台输出结果

项目my-fault-tolerant-consumer服务消费者出现了异常，完整的异常信息如下。

```
org.apache.dubbo.rpc.RpcException: Invoke remote method timeout. method:
getHello, provider: DefaultServiceInstance{, serviceName='my-fault-
tolerant-provider-8087', host='192.168.0.103', port=20883, enabled=true,
healthy=true, metadata={dubbo.endpoints=[{"port":20883,"protocol":"dub
bo"}], dubbo.metadata-service.url-params={"connections":"1","version":"
1.0.0","dubbo":"2.0.2","release":"3.0.5","port":"20883","protocol":"du
bbo"}, dubbo.metadata.revision=eeb2852acdec1486e1a79ec83a332c85, dubbo.
metadata.storage-type=local}}, service{name='com.ghy.www.api.IServic
e9',group='null',version='null',protocol='dubbo',params={side=provid
er, release=3.0.5, methods=getHello, logger=slf4j, deprecated=false,
dubbo=2.0.2, interface=com.ghy.www.api.IService9, service-name-
mapping=true, generic=false, metadata-type=remote, application=my-fault-
tolerant-provider-8087, background=false, dynamic=true, anyhost=false},},
cause: org.apache.dubbo.remoting.TimeoutException: Waiting server-side
response timeout by scan timer. start time: 2022-03-02 14:54:02.472, end
time: 2022-03-02 14:54:03.493, client elapsed: 1 ms, server elapsed: 1020
ms, timeout: 1000 ms, request: Request [id=18, version=2.0.2, twoway=true,
event=false, broken=false, data=null], channel: /192.168.0.103:57773 ->
/192.168.0.103:20883

org.apache.dubbo.rpc.RpcException: Invoke remote method timeout. method:
getHello, provider: DefaultServiceInstance{, serviceName='my-fault-
tolerant-provider-8085', host='192.168.0.103', port=20881, enabled=true,
healthy=true, metadata={dubbo.endpoints=[{"port":20881,"protocol":"dub
```

```
bo"}], dubbo.metadata-service.url-params={"connections":"1","version":"
1.0.0","dubbo":"2.0.2","release":"3.0.5","port":"20881","protocol":"du
bbo"}, dubbo.metadata.revision=6268c3ad4da755dafedf9ad2fa97c307, dubbo.
metadata.storage-type=local}}, service{name='com.ghy.www.api.IServic
e9',group='null',version='null',protocol='dubbo',params={side=provid
er, release=3.0.5, methods=getHello, logger=slf4j, deprecated=false,
dubbo=2.0.2, interface=com.ghy.www.api.IService9, service-name-
mapping=true, generic=false, metadata-type=remote, application=my-fault-
tolerant-provider-8085, background=false, dynamic=true, anyhost=false},},
cause: org.apache.dubbo.remoting.TimeoutException: Waiting server-side
response timeout by scan timer. start time: 2022-03-02 14:54:09.498, end
time: 2022-03-02 14:54:10.512, client elapsed: 1 ms, server elapsed: 1013
ms, timeout: 1000 ms, request: Request [id=19, version=2.0.2, twoway=true,
event=false, broken=false, data=null], channel: /192.168.0.103:57772 ->
/192.168.0.103:20881

public String test5() hello5 中国人 5 port=8086
```

但服务消费者my-fault-tolerant-consumer还是获取到了端口为 8086 的服务提供者正确的运行结果 "public String test5() hello5 中国人 5 port=8086"。

8.2.9　BROADCAST 的运行效果

执行如下网址：

```
http://localhost:8091/Test6
```

端口为 8085 的服务提供者控制台输出结果如图 8-18 所示。

图 8-18　端口为 8085 的服务提供者控制台输出结果

端口为 8086 的服务提供者控制台输出结果如图 8-19 所示。

图 8-19　端口为 8086 的服务提供者控制台输出结果

端口为 8087 的服务提供者控制台输出结果如图 8-20 所示。

图 8-20　端口为 8087 的服务提供者控制台输出结果

项目 my-fault-tolerant-consumer 服务消费者出现了异常，完整的异常信息如下。

```
org.apache.dubbo.rpc.RpcException: Invoke remote method timeout. method:
getHello, provider: DefaultServiceInstance{, serviceName='my-fault-
tolerant-provider-8085', host='192.168.0.103', port=20881, enabled=true,
healthy=true, metadata={dubbo.endpoints=[{"port":20881,"protocol":"dub
bo"}], dubbo.metadata-service.url-params={"connections":"1","version":"
1.0.0","dubbo":"2.0.2","release":"3.0.5","port":"20881","protocol":"du
bbo"}, dubbo.metadata.revision=6268c3ad4da755dafedf9ad2fa97c307, dubbo.
metadata.storage-type=local}}, service{name='com.ghy.www.api.IServic
e6',group='null',version='null',protocol='dubbo',params={side=provid
er, release=3.0.5, methods=getHello, logger=slf4j, deprecated=false,
dubbo=2.0.2, interface=com.ghy.www.api.IService6, service-name-
mapping=true, generic=false, metadata-type=remote, application=my-fault-
tolerant-provider-8085, background=false, dynamic=true, anyhost=false},},
cause: org.apache.dubbo.remoting.TimeoutException: Waiting server-side
response timeout by scan timer. start time: 2022-03-02 15:11:00.414, end
time: 2022-03-02 15:11:01.422, client elapsed: 1 ms, server elapsed: 1007
ms, timeout: 1000 ms, request: Request [id=77, version=2.0.2, twoway=true,
event=false, broken=false, data=null], channel: /192.168.0.103:57772 ->
/192.168.0.103:20881
```

服务消费者 my-fault-tolerant-consumer 没有获取正确的运行结果。

8.3　负载均衡

本节在 Dubbo 中实现负载均衡。

8.3.1　负载均衡策略

在实现负载均衡时，Dubbo 提供了多种负载均衡策略，默认为 random 随机调用。
Dubbo 默认提供的负载均衡策略有 5 种，如图 8-21 所示。

算法	特性	备注
RandomLoadBalance	加权随机	默认算法，默认权重相同
RoundRobinLoadBalance	加权轮询	借鉴于 Nginx 的平滑加权轮询算法，默认权重相同
LeastActiveLoadBalance	最少活跃优先 + 加权随机	背后是能者多劳的思想
ShortestResponseLoadBalance	最短响应优先 + 加权随机	更加关注响应速度
ConsistentHashLoadBalance	一致性 Hash	确定的入参，确定的提供者，适用于有状态请求

图 8-21　负载均衡策略

8.3.2　创建服务提供者模块

创建 my-loadbalance-provider 模块。
配置文件 pom.xml 代码如下。

```xml
<?xml version="1.0" encoding="UTF-8"?>

<project xmlns="http://maven.apache.org/POM/4.0.0" xmlns:xsi="http://www.
w3.org/2001/XMLSchema-instance"
         xsi:schemaLocation="http://maven.apache.org/POM/4.0.0 http://
maven.apache.org/xsd/maven-4.0.0.xsd">
    <modelVersion>4.0.0</modelVersion>

    <artifactId>my-loadbalance-provider</artifactId>
    <packaging>war</packaging>
    <name>my-loadbalance-provider Maven Webapp</name>
    <url>http://www.example.com</url>

    <parent>
        <artifactId>my-parent</artifactId>
```

```
            <groupId>com.ghy.www</groupId>
            <version>1.0-RELEASE</version>
            <relativePath>../my-parent/pom.xml</relativePath>
        </parent>

        <dependencies>
            <!-- Spring Boot dependencies -->
            <dependency>
                <groupId>org.springframework.boot</groupId>
                <artifactId>spring-boot-starter</artifactId>
            </dependency>

            <!-- Zookeeper dependencies -->
            <dependency>
                <groupId>org.apache.dubbo</groupId>
                <artifactId>dubbo-dependencies-zookeeper</artifactId>
                <version>${dubbo.version}</version>
                <type>pom</type>
            </dependency>

            <dependency>
                <groupId>com.ghy.www</groupId>
                <artifactId>my-api</artifactId>
                <version>1.0-RELEASE</version>
                <scope>compile</scope>
            </dependency>
        </dependencies>
    </project>
```

业务类代码如下。

```
package com.ghy.www.my.loadbalance.provider.service;

import com.ghy.www.api.IService1;
import org.springframework.beans.factory.annotation.Value;

public class HelloService1 implements IService1 {
    @Value("${server.port}")
    private int portValue;

    @Override
    public String getHello(String username) {
        System.out.println("HelloService1 portValue=" + portValue + "
```

```
username=" + username);
        return "hello1 " + username + " port=" + portValue;
    }
}


package com.ghy.www.my.loadbalance.provider.service;

import com.ghy.www.api.IService2;
import org.springframework.beans.factory.annotation.Value;

public class HelloService2 implements IService2 {
    @Value("${server.port}")
    private int portValue;

    @Override
    public String getHello(String username) {
        System.out.println("HelloService2 portValue=" + portValue + "
username=" + username);
        return "hello2 " + username + " port=" + portValue;
    }
}


package com.ghy.www.my.loadbalance.provider.service;

import com.ghy.www.api.IService3;
import org.springframework.beans.factory.annotation.Value;

public class HelloService3 implements IService3 {
    @Value("${server.port}")
    private int portValue;

    @Override
    public String getHello(String username) {
        System.out.println("HelloService3 portValue=" + portValue + "
username=" + username);
        return "hello3 " + username + " port=" + portValue;
    }
}


package com.ghy.www.my.loadbalance.provider.service;

import com.ghy.www.api.IService4;
```

```
import org.springframework.beans.factory.annotation.Value;

public class HelloService4 implements IService4 {
    @Value("${server.port}")
    private int portValue;

    @Override
    public String getHello(String username) {
        System.out.println("HelloService4 portValue=" + portValue + "
username=" + username);
        return "hello4 " + username + " port=" + portValue;
    }
}

package com.ghy.www.my.loadbalance.provider.service;

import com.ghy.www.api.IService5;
import org.springframework.beans.factory.annotation.Value;

public class HelloService5 implements IService5 {
    @Value("${server.port}")
    private int portValue;

    @Override
    public String getHello(String username) {
        System.out.println("HelloService5 portValue=" + portValue + "
username=" + username);
        return "hello5 " + username + " port=" + portValue;
    }
}
```

配置类代码如下。

```
package com.ghy.www.my.loadbalance.provider.javaconfig;

import com.ghy.www.my.loadbalance.provider.service.*;
import org.apache.dubbo.config.annotation.DubboService;
import org.springframework.context.annotation.Bean;
import org.springframework.context.annotation.Configuration;

@Configuration
public class JavaConfigDubbo {
    @Bean
```

```
@DubboService(weight = 2)//8085
//@DubboService(weight = 5)//8086
//@DubboService(weight = 10)//8087
public HelloService1 getHelloService1() {
    return new HelloService1();
}

@Bean
@DubboService(weight = 2)//8085
//@DubboService(weight = 5)//8086
//@DubboService(weight = 10)//8087
public HelloService2 getHelloService2() {
    return new HelloService2();
}

@Bean
@DubboService
public HelloService3 getHelloService3() {
    return new HelloService3();
}

@Bean
@DubboService
public HelloService4 getHelloService4() {
    return new HelloService4();
}

@Bean
@DubboService
public HelloService5 getHelloService5() {
    return new HelloService5();
}
}
```

配置文件application-8085.yml代码如下。

```
# 应用名称
spring:
  application:
    name: my-loadbalance-provider-8085

server:
  port: 8085
```

```
# 配置 dubbo
dubbo:
  registry:
    # 注册中心地址
    address: zookeeper://192.168.0.103
    port: 2181
  scan:
    base-packages: com.ghy.www.my.loadbalance.provider.service  # 扫包
  protocol:
    port: 20881
    threads: 1000
  provider:
    host: 192.168.0.103
  application:
    logger: slf4j
```

配置文件application-8086.yml代码如下。

```
# 应用名称
spring:
  application:
    name: my-loadbalance-provider-8086

server:
  port: 8086

# 配置 dubbo
dubbo:
  registry:
    # 注册中心地址
    address: zookeeper://192.168.0.103
    port: 2181
  scan:
    base-packages: com.ghy.www.my.loadbalance.provider.service  # 扫包
  protocol:
    port: 20882
    threads: 1000
  provider:
    host: 192.168.0.103
  application:
    logger: slf4j
```

配置文件application-8087.yml代码如下。

```
# 应用名称
spring:
  application:
    name: my-loadbalance-provider-8087

server:
  port: 8087

# 配置 dubbo
dubbo:
  registry:
    # 注册中心地址
    address: zookeeper://192.168.0.103
    port: 2181
  scan:
    base-packages: com.ghy.www.my.loadbalance.provider.service  # 扫包
  protocol:
    port: 20883
    threads: 1000
  provider:
    host: 192.168.0.103
  application:
    logger: slf4j
```

运行类代码如下。

```
package com.ghy.www;

import org.springframework.boot.autoconfigure.SpringBootApplication;
import org.springframework.boot.builder.SpringApplicationBuilder;

@SpringBootApplication
public class Application {
    public static void main(String[] args) {
        new SpringApplicationBuilder(Application.class)
                .run(args);
    }
}
```

8.3.3 创建服务消费者模块

创建my-loadbalance-consumer模块。

配置文件pom.xml代码如下。

```xml
<?xml version="1.0" encoding="UTF-8"?>

<project xmlns="http://maven.apache.org/POM/4.0.0" xmlns:xsi="http://www.
w3.org/2001/XMLSchema-instance"
        xsi:schemaLocation="http://maven.apache.org/POM/4.0.0 http://
maven.apache.org/xsd/maven-4.0.0.xsd">
    <modelVersion>4.0.0</modelVersion>

    <artifactId>my-loadbalance-consumer</artifactId>
    <packaging>war</packaging>
    <name>my-loadbalance-consumer Maven Webapp</name>
    <url>http://www.example.com</url>

    <parent>
        <artifactId>my-parent</artifactId>
        <groupId>com.ghy.www</groupId>
        <version>1.0-RELEASE</version>
        <relativePath>../my-parent/pom.xml</relativePath>
    </parent>

    <dependencies>
        <!-- Spring Boot dependencies -->
        <dependency>
            <groupId>org.springframework.boot</groupId>
            <artifactId>spring-boot-starter</artifactId>
        </dependency>

        <dependency>
            <groupId>org.springframework.boot</groupId>
            <artifactId>spring-boot-starter-web</artifactId>
        </dependency>

        <!-- Zookeeper dependencies -->
        <dependency>
            <groupId>org.apache.dubbo</groupId>
            <artifactId>dubbo-dependencies-zookeeper</artifactId>
            <version>${dubbo.version}</version>
```

```
        <type>pom</type>
    </dependency>

    <dependency>
        <groupId>com.ghy.www</groupId>
        <artifactId>my-api</artifactId>
        <version>1.0-RELEASE</version>
        <scope>compile</scope>
    </dependency>
    </dependencies>
</project>
```

配置类代码如下。

```
package com.ghy.www.my.loadbalance.consumer.javaconfig;

import com.ghy.www.api.*;
import org.apache.dubbo.common.constants.LoadbalanceRules;
import org.apache.dubbo.config.annotation.DubboReference;
import org.springframework.context.annotation.Configuration;

@Configuration
public class JavaConfigDubbo {
    @DubboReference(loadbalance = LoadbalanceRules.RANDOM)
    private IService1 service1;

    @DubboReference(loadbalance = LoadbalanceRules.ROUND_ROBIN)
    private IService2 service2;

    @DubboReference(loadbalance = LoadbalanceRules.LEAST_ACTIVE)
    private IService3 service3;

    @DubboReference(loadbalance = LoadbalanceRules.SHORTEST_RESPONSE)
    private IService4 service4;

    @DubboReference(loadbalance = LoadbalanceRules.CONSISTENT_HASH)
    private IService5 service5;
}
```

控制层代码如下。

```
package com.ghy.www.my.loadbalance.consumer.controller;

import com.ghy.www.api.*;
```

```java
import org.springframework.beans.factory.annotation.Autowired;
import org.springframework.web.bind.annotation.RequestMapping;
import org.springframework.web.bind.annotation.RestController;

import javax.servlet.http.HttpServletRequest;
import javax.servlet.http.HttpServletResponse;
import java.util.concurrent.CountDownLatch;

@RestController
public class TestController {
    @Autowired
    private IService1 service1;
    @Autowired
    private IService2 service2;
    @Autowired
    private IService3 service3;
    @Autowired
    private IService4 service4;
    @Autowired
    private IService5 service5;

    private int test1_provider1_runtime = 0;
    private int test1_provider2_runtime = 0;
    private int test1_provider3_runtime = 0;
    private int test1_allRuntime = 0;

    @RequestMapping("Test1")
    public void test1(HttpServletRequest request, HttpServletResponse
response) {
        for (int i = 0; i < 17; i++) {
            String helloString = service1.getHello("中国人" + (i + 1));
            System.out.println("public String test1() " + helloString);
            int runPort = Integer.parseInt(helloString.
substring(helloString.length() - 4, helloString.length()));
            System.out.println(runPort);
            switch (runPort) {
                case 8085:
                    test1_provider1_runtime++;
                    break;
                case 8086:
                    test1_provider2_runtime++;
                    break;
```

```
                    case 8087:
                        test1_provider3_runtime++;
                        break;
                }
                test1_allRuntime++;
                System.out.println("test1_allRuntime=" + test1_allRuntime);
                if (test1_allRuntime == 17) {
                    System.out.println("test1_provider1_runtime=" + test1_
provider1_runtime);
                    System.out.println("test1_provider2_runtime=" + test1_
provider2_runtime);
                    System.out.println("test1_provider3_runtime=" + test1_
provider3_runtime);
                    test1_provider1_runtime = 0;
                    test1_provider2_runtime = 0;
                    test1_provider3_runtime = 0;
                    test1_allRuntime = 0;
                }
            }
        }

    private int test2_provider1_runtime = 0;
    private int test2_provider2_runtime = 0;
    private int test2_provider3_runtime = 0;
    private int test2_allRuntime = 0;


    @RequestMapping("Test2")
    public void test2(HttpServletRequest request, HttpServletResponse
response) {
        for (int i = 0; i < 17; i++) {
            String helloString = service2.getHello(" 中国人 " + (i + 1));
            System.out.println("public String test2() " + helloString);
            int runPort = Integer.parseInt(helloString.
substring(helloString.length() - 4, helloString.length()));
            System.out.println(runPort);
            switch (runPort) {
                case 8085:
                    test2_provider1_runtime++;
                    break;
                case 8086:
                    test2_provider2_runtime++;
                    break;
```

```
                    case 8087:
                        test2_provider3_runtime++;
                        break;
                }
                test2_allRuntime++;
                System.out.println("test2_allRuntime=" + test2_allRuntime);
                if (test2_allRuntime == 17) {
                    System.out.println("test2_provider1_runtime=" + test2_
provider1_runtime);
                    System.out.println("test2_provider2_runtime=" + test2_
provider2_runtime);
                    System.out.println("test2_provider3_runtime=" + test2_
provider3_runtime);
                    test2_provider1_runtime = 0;
                    test2_provider2_runtime = 0;
                    test2_provider3_runtime = 0;
                    test2_allRuntime = 0;
                }
            }
        }

    private int test3_provider1_runtime = 0;
    private int test3_provider2_runtime = 0;
    private int test3_provider3_runtime = 0;

    class MyThread1 extends Thread {
        private int i;
        private CountDownLatch latch;

        public MyThread1(int i, CountDownLatch latch) {
            this.i = i;
            this.latch = latch;
        }

        @Override
        public void run() {
            String helloString = service3.getHello("中国人" + (i + 1));
            System.out.println("public String test3() " + helloString);
            int runPort = Integer.parseInt(helloString.
substring(helloString.length() - 4, helloString.length()));
            System.out.println(runPort + " " + (i + 1) + "次运行");
            switch (runPort) {
```

```
                case 8085:
                    test3_provider1_runtime++;
                    break;
                case 8086:
                    test3_provider2_runtime++;
                    break;
                case 8087:
                    test3_provider3_runtime++;
                    break;
            }
            latch.countDown();
        }
    }

    @RequestMapping("Test3")
    public void test3(HttpServletRequest request, HttpServletResponse
response) {
        CountDownLatch latch = new CountDownLatch(3000);
        for (int i = 0; i < 3000; i++) {
            MyThread1 t = new MyThread1(i, latch);
            t.start();
        }
        try {
            latch.await();
        } catch (InterruptedException e) {
            e.printStackTrace();
        }
        System.out.println("test3_provider1_runtime=" + test3_provider1_
runtime);
        System.out.println("test3_provider2_runtime=" + test3_provider2_
runtime);
        System.out.println("test3_provider3_runtime=" + test3_provider3_
runtime);
    }

    private int test4_provider1_runtime = 0;
    private int test4_provider2_runtime = 0;
    private int test4_provider3_runtime = 0;

    class MyThread2 extends Thread {
        private int i;
        private CountDownLatch latch;
```

```java
        public MyThread2(int i, CountDownLatch latch) {
            this.i = i;
            this.latch = latch;
        }

        @Override
        public void run() {
            String helloString = service4.getHello("中国人" + (i + 1));
            System.out.println("public String test4() " + helloString);
            int runPort = Integer.parseInt(helloString.
substring(helloString.length() - 4, helloString.length()));
            System.out.println(runPort + " " + (i + 1) + "次运行");
            switch (runPort) {
                case 8085:
                    test4_provider1_runtime++;
                    break;
                case 8086:
                    test4_provider2_runtime++;
                    break;
                case 8087:
                    test4_provider3_runtime++;
                    break;
            }
            latch.countDown();
        }
    }

    @RequestMapping("Test4")
    public void test4(HttpServletRequest request, HttpServletResponse
response) {
        CountDownLatch latch = new CountDownLatch(1000);
        for (int i = 0; i < 1000; i++) {
            MyThread2 t = new MyThread2(i, latch);
            t.start();
        }
        try {
            latch.await();
        } catch (InterruptedException e) {
            e.printStackTrace();
        }
        System.out.println("test4_provider1_runtime=" + test4_provider1_
```

```
runtime);
        System.out.println("test4_provider2_runtime=" + test4_provider2_
runtime);
        System.out.println("test4_provider3_runtime=" + test4_provider3_
runtime);
    }

    private int test5_provider1_runtime = 0;
    private int test5_provider2_runtime = 0;
    private int test5_provider3_runtime = 0;

    @RequestMapping("Test5")
    public void test5(HttpServletRequest request, HttpServletResponse
response) {
        {
            String helloString = service5.getHello("a");
            System.out.println("public String test5() " + helloString);
            int runPort = Integer.parseInt(helloString.
substring(helloString.length() - 4, helloString.length()));
            addRuntime(runPort);
        }
        {
            String helloString = service5.getHello("A");
            System.out.println("public String test5() " + helloString);
            int runPort = Integer.parseInt(helloString.
substring(helloString.length() - 4, helloString.length()));
            addRuntime(runPort);
        }
        {
            String helloString = service5.getHello("我");
            System.out.println("public String test5() " + helloString);
            int runPort = Integer.parseInt(helloString.
substring(helloString.length() - 4, helloString.length()));
            addRuntime(runPort);
        }
        {
            String helloString = service5.getHello("是");
            System.out.println("public String test5() " + helloString);
            int runPort = Integer.parseInt(helloString.
substring(helloString.length() - 4, helloString.length()));
            addRuntime(runPort);
        }
```

```
        {
            String helloString = service5.getHello("中");
            System.out.println("public String test5() " + helloString);
            int runPort = Integer.parseInt(helloString.
substring(helloString.length() - 4, helloString.length()));
            addRuntime(runPort);
        }
        {
            String helloString = service5.getHello("国");
            System.out.println("public String test5() " + helloString);
            int runPort = Integer.parseInt(helloString.
substring(helloString.length() - 4, helloString.length()));
            addRuntime(runPort);
        }
        {
            String helloString = service5.getHello("人");
            System.out.println("public String test5() " + helloString);
            int runPort = Integer.parseInt(helloString.
substring(helloString.length() - 4, helloString.length()));
            addRuntime(runPort);
        }
        System.out.println("test5_provider1_runtime=" + test5_provider1_
runtime);
        System.out.println("test5_provider2_runtime=" + test5_provider2_
runtime);
        System.out.println("test5_provider3_runtime=" + test5_provider3_
runtime);
        test5_provider1_runtime = 0;
        test5_provider2_runtime = 0;
        test5_provider3_runtime = 0;
    }

    private void addRuntime(int runPort) {
        switch (runPort) {
            case 8085:
                test5_provider1_runtime++;
                break;
            case 8086:
                test5_provider2_runtime++;
                break;
            case 8087:
                test5_provider3_runtime++;
```

```
                    break;
              }
         }
}
```

配置文件application.yml代码如下。

```
spring:
  application:
    name: my-loadbalance-consumer-8091

server:
  port: 8091

# 配置 dubbo
dubbo:
  registry:
    # 注册中心地址
    address: zookeeper://192.168.0.103
    port: 2181
  application:
    logger: slf4j
```

运行类代码如下。

```
package com.ghy.www;

import org.springframework.boot.autoconfigure.SpringBootApplication;
import org.springframework.boot.builder.SpringApplicationBuilder;


@SpringBootApplication
public class Application {
    public static void main(String[] args) {
        new SpringApplicationBuilder(Application.class)
                .run(args);
    }
}
```

8.3.4 Random LoadBalance 的运行效果

Random LoadBalance：随机访问。随机访问还可以结合权重，当调用量越大时，分布越均匀，有利于动态调整服务提供者权重。Random LoadBalance是Dubbo负载均衡的默认值。

集群环境如图 8-22 所示。

图 8-22　集群环境

每次执行业务时以随机的方式访问其中一台服务器，但每个服务最终调用的次数取决于weigh权重值的分配。

对性能不佳的服务器减少权重值，防止调用积累，对性能优越的服务器增加权重值。

更改服务提供者配置类代码，端口为 8085 的服务提供者使用如下权重。

```
@Bean
@DubboService(weight = 2)
public HelloService1 getHelloService1() {
    return new HelloService1();
}
```

更改服务提供者配置类代码，端口为 8086 的服务提供者使用如下权重。

```
@Bean
@DubboService(weight = 5)
public HelloService1 getHelloService1() {
    return new HelloService1();
}
```

更改服务提供者配置类代码，端口为 8087 的服务提供者使用如下权重。

```
@Bean
@DubboService(weight = 10)
public HelloService1 getHelloService1() {
    return new HelloService1();
}
```

分别使用不同的权重值来启动这 3 个服务提供者。

执行网址：

```
http://localhost:8091/Test1
```

控制台输出信息如图 8-23 所示。

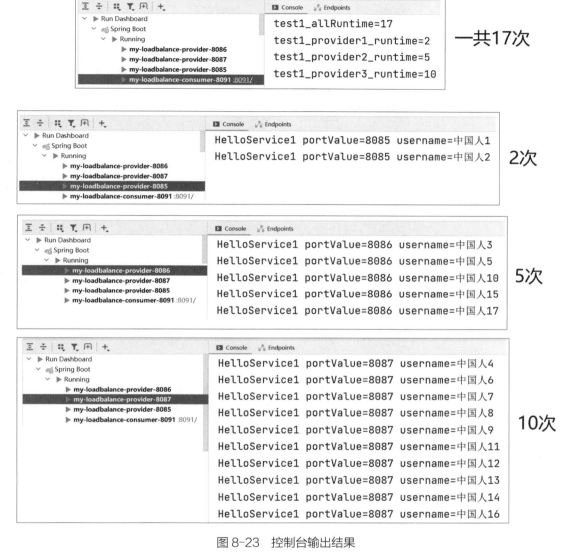

图 8-23　控制台输出结果

服务消费者以随机的方式调用服务提供者，虽然有时调用的比率不是十分精确，但大体上调用的比率是按权重进行分配的。

8.3.5　RoundRobin LoadBalance 的运行效果

RoundRobin LoadBalance：轮询执行，也就是按顺序执行，还可以按公约后的权重值设置轮询比率，也就是在轮询时要考虑权重值。

该策略存在慢的提供者累积请求的问题，比如，第二台机器很慢，但没有挂掉，当请求调用到第二台服务器时就卡在那里，久而久之，所有请求都卡在第二台服务器上。

集群环境如图 8-24 所示。

图 8-24　集群环境

前 6 次调用后执行效果如图 8-25 所示。

图 8-25　集群环境

当第 7 次调用后执行效果如图 8-26 所示。

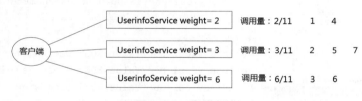

图 8-26　集群环境

当第 8、9、10、11 次调用后执行效果如图 8-27 所示。

图 8-27　集群环境

更改服务提供者配置类代码，端口为 8085 的服务提供者使用如下权重。

```
@Bean
@DubboService(weight = 2)
public HelloService2 getHelloService2() {
    return new HelloService2();
}
```

更改服务提供者配置类代码，端口为 8086 的服务提供者使用如下权重。

```
@Bean
@DubboService(weight = 5)
public HelloService2 getHelloService2() {
    return new HelloService2();
}
```

更改服务提供者配置类代码，端口为 8087 的服务提供者使用如下权重。

```
@Bean
@DubboService(weight = 10)
public HelloService2 getHelloService2() {
    return new HelloService2();
}
```

执行网址：

```
http://localhost:8091/Test2
```

控制台输出信息如图 8-28 所示。

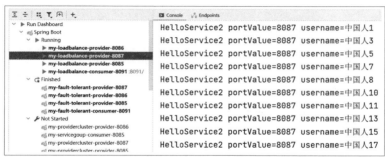

图 8-28　控制台输出结果

运算过程如图 8-29 所示。

执行次数	请求前当前权重值	选中节点	请求后当前权重值	执行端口
1	{A=2, B=5, C=10}	C	{A=2, B=5, C=-7}	8087
2	{A=4, B=10, C=3}	B	{A=4, B=-7, C=3}	8086
3	{A=6, B=-2, C=13}	C	{A=6, B=-2, C=-4}	8087
4	{A=8, B=3, C=6}	A	{A=-9, B=3, C=6}	8085
5	{A=-7, B=8, C=16}	C	{A=-7, B=8, C=-1}	8087
6	{A=-5, B=13, C=9}	B	{A=-5, B=-4, C=9}	8086
7	{A=-3, B=1, C=19}	C	{A=-3, B=1, C=2}	8087
8	{A=-1, B=6, C=12}	C	{A=-1, B=6, C=-5}	8087
9	{A=1, B=11, C=5}	B	{A=1, B=-6, C=5}	8086
10	{A=3, B=-1, C=15}	C	{A=3, B=-1, C=-2}	8087
11	{A=5, B=4, C=8}	C	{A=5, B=4, C=-9}	8087
12	{A=7, B=9, C=1}	B	{A=7, B=-8, C=1}	8086
13	{A=9, B=-3, C=11}	C	{A=9, B=-3, C=-6}	8087
14	{A=11, B=2, C=4}	A	{A=-6, B=2, C=4}	8085
15	{A=-4, B=7, C=14}	C	{A=-4, B=7, C=-3}	8087
16	{A=-2, B=12, C=7}	B	{A=-2, B=-5, C=7}	8086
17	{A=0, B=0, C=17}	C	{A=0, B=0, C=0}	8087

图 8-29　运算过程

运算过程如下。

（1）获取A、B和C的"请求前当前权重值"，并比较这3个权重值的大小，取出最大值，就是"选中的节点"，也是胜出的节点。

（2）对"选中的节点"的权重值减 17，得出"请求后当前权重值"。

（3）下一步对"请求后当前权重值"的每一个权重值分别与原始权重值进行加法操作，得出下一次要比较权重的值。

轮询也有预热的功能。

8.3.6　LeastActive LoadBalance 的运行效果

LeastActive LoadBalance：加权最少活跃调用优先，活跃数越低（性能好），越优先调用。相同活跃数时采用随机调用。活跃数是指调用服务之前和之后的计数差（发送请求数 - 返回响应数）。活跃数表示服务提供者的任务堆积量，活跃数越低，代表该服务提供者处理能力越强。

该策略会使运行慢的服务提供者收到更少的请求，因为活跃数大，代码处理能力较弱，而处理能力越强的服务提供者节点，会接收到更多的请求。

多次执行网址：

```
http://localhost:8091/Test3
```

运行效果如图 8-30 所示。

```
test3_provider1_runtime=65722
test3_provider2_runtime=58631
test3_provider3_runtime=58639
```

图 8-30　运行效果

打印信息 test3_provider1_runtime 的值是最大的，因为端口为 8085 的服务提供者 provider1 和服务消费者在同一台服务器上，而 8086 和 8087 在远程服务器上，所以打印信息 test3_provider1_runtime 的值是最大的。

8.3.7 ShortestResponse LoadBalance 的运行效果

本策略会根据每次 response 响应的时间来决定下一次应该调用集群中某一个节点中的服务，执行时间越短，下一次被重复调用的机会越大。如图 8-31 所示，服务 B 执行时间较短，下一次调用服务 B 的概率非常大。总之，哪个服务器响应快，下一次请求就继续交给它进行处理。

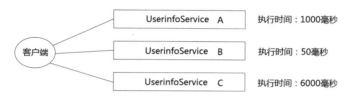

图 8-31　集群环境

此案例可以结合 clumsy 软件进行测试，实现弱网环境下加大 response 响应快慢差距。

配置 clumsy 软件的 Filter 过滤器表达式如图 8-32 所示。

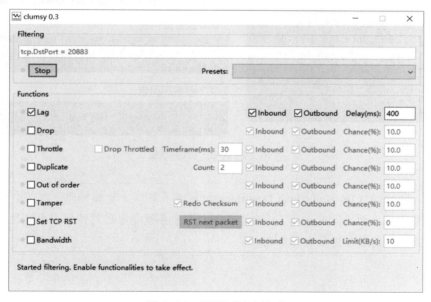

图 8-32　配置过滤表达式

在端口为 8087 的服务提供者服务器中运行 clumsy 软件。

程序运行效果如图 8-33 所示。

```
test4_provider1_runtime=2203
test4_provider2_runtime=2135
test4_provider3_runtime=662
```

图 8-33　运行效果

8.3.8　ConsistentHash LoadBalance 的运行效果

ConsistentHash LoadBalance：一致性 Hash，相同参数的请求总是发到同一个服务提供者。当某一台服务提供者宕机时，原本发往该服务提供者的请求会基于虚拟节点，然后平摊到其他服务提供者。默认只对第一个参数进行 Hash 运算，如果要修改可以配置 hash.arguments 参数。

运行如下网址：

```
http://localhost:8091/Test5
```

控制台输出结果如图 8-34 所示。

服务消费者

```
public String test5() hello5 a port=8087
public String test5() hello5 A port=8085
public String test5() hello5 我 port=8086
public String test5() hello5 是 port=8086
public String test5() hello5 中 port=8087
public String test5() hello5 国 port=8085
public String test5() hello5 人 port=8085
test5_provider1_runtime=3
test5_provider2_runtime=2
test5_provider3_runtime=2
```

8085 服务提供者

```
HelloService5 portValue=8085 username=A
HelloService5 portValue=8085 username=国
HelloService5 portValue=8085 username=人
```

8086 服务提供者

```
HelloService5 portValue=8086 username=我
HelloService5 portValue=8086 username=是
```

8087 服务提供者

```
HelloService5 portValue=8087 username=a
HelloService5 portValue=8087 username=中
```

图 8-34　控制台输出结果

注意：Dubbo 3 的 ConsistentHash LoadBalance 算法不是强一致性 hash，内部会根据一定的比率进行负载调用，如果比率达到了，会选择下一个服务提供者进行调用。也就是相同的参数值会发生调用不同的服务提供者的情况。